国家出版基金项目
NATIONAL PUBLICATION FOUNDATION

A Genealogy of Industrial Design in China: Light Industry Ⅳ

工业设计中国之路
轻工卷（四）

沈榆　陈金明　著

大连理工大学出版社

图书在版编目(CIP)数据

工业设计中国之路. 轻工卷. 四 / 沈榆，陈金明著
. -- 大连：大连理工大学出版社，2019.6
ISBN 978-7-5685-1952-6

Ⅰ.①工… Ⅱ.①沈…②陈… Ⅲ.①工业设计—中
国②轻工业—工业设计—中国 Ⅳ.①TB47②TS02

中国版本图书馆CIP数据核字（2019）第060493号

GONGYE SHEJI ZHONGGUO ZHI LU
QINGGONG JUAN （SI）

出版发行：大连理工大学出版社
　　　　　（地址：大连市软件园路80号　邮编：116023）
印　　　刷：深圳市福威智印刷有限公司
幅面尺寸：185mm×260mm
印　　张：18.5
插　　页：4
字　　数：427千字
出版时间：2019年6月第1版
印刷时间：2019年6月第1次印刷
策　　划：袁　斌
编辑统筹：初　蕾　裴美倩　张　泓
责任编辑：初　蕾
责任校对：裴美倩
封面设计：温广强

ISBN 978-7-5685-1952-6
定　　价：318.00元

电　话：0411-84708842
传　真：0411-84701466
邮　购：0411-84708943
E-mail：jzkf@dutp.cn
URL:http://dutp.dlut.edu.cn

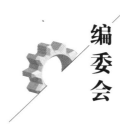

编委会

"工业设计中国之路" 编委会

工业设计中国之路　概论卷

工业设计中国之路　电子与信息产品卷

工业设计中国之路　交通工具卷

工业设计中国之路　轻工卷（一）

工业设计中国之路　轻工卷（二）

工业设计中国之路　轻工卷（三）

工业设计中国之路　轻工卷（四）

工业设计中国之路　重工业装备产品卷

工业设计中国之路　理论探索卷

总序

　　面对西方工业设计史研究已经取得的丰硕成果，中国学者有两种选择：其一是通过不同层次的诠释，理解其工业设计知识体系。毋庸置疑，近年中国学者对西方工业设计史的研究倾注了大量的精力，出版了许多有价值的著作，取得了令人鼓舞的成果。其二是借鉴西方工业设计史研究的方法，建构中国自己的工业设计史研究学术框架，通过交叉对比发现两者的相互关系以及差异。这方面研究的进展不容乐观，虽然也有不少论文、著作涉及这方面的内容，但总体来看仍然在中国工业设计史的边缘徘徊。或许是原始文献资料欠缺的原因，或许是工业设计涉及的影响因素太多，以研究者现有的知识尚不能够有效把握的原因，总之，关于中国工业设计史的研究长期以来一直处于缺位状态。这种状态与当代高速发展的中国工业设计的现实需求严重不符。

　　历经漫长的等待，"工业设计中国之路"丛书终于问世，从此中国工业设计拥有了相对比较完整的历史文献资料。本丛书基于中国百年现代化发展的背景，叙述工业设计在中国萌芽、发生、发展的历程以及在各个历史阶段回应时代需求的特征。其框架构想宏大且具有很强的现实感，内容涉及中国工业设计概论、轻工业产品、交通工具产品、重工业装备产品、电子与信息产品、理论探索等，其意图是在由研究者构建的宏观整体框架内，通过对各行业有代表性的工业产品及其相关体系进行深入细致的梳理，勾勒出中国工业设计整体发展的清晰轮廓。

　　要完成这样的工作，研究者的难点首先在于要掌握大量的原始文献，但是中国工业设计的文献资料长期以来疏于整理，基本上处于碎片化状态，要形成完整的史料，就必须经历艰苦的史料收集、整理和比对的过程。本丛书的作者们历经十余年的积累，在各个行业的资料收集、整理以及相关当事人口述历史方面展开了扎实的工作，其工作状态一如历史学家傅斯年所述："上穷碧落下黄泉，动手动脚找东西。"他们义无反顾、凤凰涅槃的执着精神实在令人敬佩。然而，除了鲜活的史料以外，中国工业设计史写作一定是需要研究者的观念作为支撑的，否则非常容易沦为中国工业设计人物、事件的"点名簿"，这不是中国工业设计历史研究的终极目标。本丛书的作者们以发现影响中国工业设计发展的各种要素以及相互关系为逻辑起点并且将其贯穿研究与写作的始终，从理论和实践两个方面来考察中国应用工业设计的能力，发掘了大量曾经被湮没的设计事实，贯通了工程技术与工业设计、经济发展与意识形态、设计师观念与社会需求等诸多领域，不将彼此视作非此即彼的对立，而是视为有差异的统一。

在具体的研究方法上，本丛书的作者们避免了在狭隘的技术领域和个别精英思想方面做纯粹考据的做法，而是采用建立"谱系"的方法，关注各种微观的事实，并努力使之形成因果关系，因而发现了许多令人惊异的、新的知识点。这在避免中国工业设计史宏大叙事的同时形成了有价值的研究范式，这种成果不是一种由学术生产的客观知识，而是对中国工业设计的深刻反思，体现了清醒的理论意识和强烈的现实关怀。为此，作者们一直不间断地阅读建筑学、社会学、历史学、工程哲学，乃至科学哲学等方面的著作，与各方面的专家也保持着密切的交流和互动。研究范式的改变决定了"工业设计中国之路"丛书不是单纯意义上的历史资料汇编，而是一部独具历史文化价值的珍贵文献，也是在中国工业设计研究的漫长道路上一部里程碑式的著作。

工业设计诞生于工业社会的萌发和进程中，是在社会大分工、大生产机制下对资源、技术、市场、环境、价值、社会、文化等要素进行整合、协调、修正的活动，并可以通过协调各分支领域、产业链以及利益集团的诉求形成解决方案。

伴随着中国工业化的起步，设计的理论、实践、机制和知识也应该作为中国设计发展的见证，更何况任何社会现象的产生、发展都不是孤立的。这个世界是一个整体，一个牵一丝动全局的系统。研究历史当然要从不同角度、不同专业入手，而当这些时空（上下、左右、前后）的研究成果融合在一起时，自然会让人类这种不仅有五官、体感，而且有大脑、良知的灵魂觉悟：这个社会发展的动力还带有本质的观念显现。这也可以证明意识对存在的能动力，时常还是巨大的。所以，解析历史不能仅从某一支流溯源，还要梳理历史长河流经的峡谷、高原、险滩、沼泽、三角洲，乃至海床的沉积物和地层剖面……

近年来，随着新的工业技术、科学思想、市场经济等要素的进一步完善，工业设计已经被提升到知识和资源整合、产业创新、社会管理创新，乃至探索人类未来生活方式的高度。

2015年5月8日，国务院发布了《中国制造2025》文件，全面部署推进"实现中国制造向中国创造的转变"和"实施制造强国战略"的任务，在中国经济结构转型升级、供给侧结构性改革、人民生活水平提高的过程中，工业设计面临着新的机遇。中国工业设计的实践将根据中国制造战略的具体内容，以工业设计为中国"发展质量好、产业链国际主导地位突出的制造业"的支撑要素，伴随着工业化、信息化"两化融合"的指导方针，秉承绿色发展的理念，为在2025年中国迈入世界制造强国的行列而努力。中国工业设计史研究正是基于这种需求而变得更加具有现实意义，未来中国工业设计的发展不仅需要国际前沿知识的支撑，也需要来自自身历史深处知识的支持。

我们被允许探索，却不应苟同浮躁现实，而应坚持用灵魂深处的责任、热情，以崭新的平台，构筑中国的工业设计观念、理论、机制，建设、净化、凝练"产业创新"的分享型服务生态系统，升华中国工业设计之路，以助力实现中华民族复兴的梦想。

理想如海，担当做舟，方知海之宽阔；理想如山，使命为径，循径登山，方知山之高大！

柳冠中

2016 年 12 月

序言

　　本卷涉及的部分产品之微小、技术之简单似乎到了可以被忽略的程度，而且这些产品的品牌效应也难以与其他轻工大件相提并论。这些产品的设计师以低调的姿态工作着，在中国设计史文献中难以挖掘他们的详细资料。但是，这并没有影响作者坚持"以微观角度来审视设计"的写作思路。因为这些产品是百姓在日常生活中必需的，所以也是离他们最近的，从某种意义上来讲直接决定着他们的生活品质。

　　本卷作者大量收集、运用原始史料，甚至参与了其中的一些设计工作，所以在他们笔下呈现的设计的"场景感"特别真切，没有泛泛而谈的廉价诉说。在写作期间，作者不断校准考察方法，吸纳各种思想，追本溯源，对比国际同类设计成果，使枯燥的叙事之路变成了由设计力量引领的、充满智慧的探索之旅。上海曾经占据中国轻工业生产的半壁江山，一些设计师虽然已进入耄耋之年，但还是能够回忆起当年工作的情景。作者在长期的研究工作中与他们结下了深厚的友谊，可以在比较轻松的氛围中反复讨论一些问题，这有利于发现更多的事实和线索，激发更多的思考和判断。这不同于仅仅为完成一篇论文而进行的采访，作者的目的是通过对这些设计师的访问与口述记录，揭开设计背后的思想力量，从而达到探索"真理"的目的。但"真理"不存在于史料里，不存在于研究者的头脑里，而存在于两者相遇之处。他们的工作成果为中国设计史的研究提供了范例。

　　尽管本卷记载的设计师人数有限，但他们是中国这一代设计人心路历程的缩影。无论是从专业美术院校毕业、沿着艺术道路走来的设计人员，还是从技术、工艺道路走来的设计人员，在当时他们都被称为"美工"，但他们的工作事实上已经超越了美术工作的范畴。正是中国这一代设计人以"创造与平衡"的能力，在没有高技术注入的情况下，默默地以自己的智慧呵护着普通人对美好生活的憧憬，同时也承担着完成对外贸易目标的艰巨任务。在设计中发现"创造与平衡"的能力成了中国这一代设计人的集体认知和共同追求。

在设计领域，设计文化的生产者既包括设计师又包括研究者和批评者，后者对于设计的文化性塑造及文化权利赋予起了决定性的作用。设计史的写作被认为是专业的文化生产工作，从日常工作状态来看需要一批"写手"。这些人"能写"是必要条件，但"能写"的前提是"能思考"。在翻阅西方设计史的过程中，一些小产品设计的完整梳理和研究给我们留下了深刻的印象，其全方位、多角度的历史叙事方法令人叹服，而其中的产品或设计成果也十分吸引人。设计史中最重要的内容往往是设计师、工程师等相关人物，将设计成果及人物推上历史舞台的是一大批的研究精英。他们通过不断挖掘历史、整理历史，并以研究者的观点构建历史，赋予设计文化的权利，并不断地传播着。虽然有的时候设计是可以延展到文化的，但是有了设计不一定就有文化，设计加文化也不一定能赋予设计文化的权利。关于文化的权利，应该认为其从属于经济、技术，而不是凌驾于其上，前者只是具有相对的自主性，是以融合的方式表现事物，而不是以"制度化""客观化"的方式进行表述。脱离经济、技术而论的设计文化的权利应当受到质疑。如果说设计具有文化性，估计没有人反对，但是如何通过实证，证明其具有文化的权利却是一件费时费力的工作，不仅需要收集、整理大量的史实资料，更需要有极大的勇气来发现其自主系统。

不同于轻工系列的其他几卷，本卷用得较多的一个词是"装饰"。从表面来看，这似乎与工业设计的创新理念背道而驰，实则不然。"装饰之美"本身并没有原罪，为什么不能在设计中加以应用呢？在西方设计史上，有不少案例是以"艺术注入设计"的，同样取得了丰富的成果，具有独特的价值，更何况工业设计自身也是被"装饰"哺育过的。如果狭义地理解"装饰"概念，就很容易得出偏执的结论，但如果设计师将自己的观念投射到设计对象上的装饰，那么其意义就非同一般了，例如，"低技术、高设计"的产品是特别依赖于设计师的这种付出的。在这个过程中，"美的观念"更加显性一些。当作者将其置于当时的技术、社会、市场等背景中来讨论的时候，其合理性也是成立的。从本卷记载的内容来看，这些设计师并没有一味地沉浸于所谓的艺术装饰之中，而是努力地将之与技术相融合，力求创造出新的产品。不将"装饰"与"设计"视作设计创新的两极，而是一个整体，这种观念在今天看来仍然是具有现实意义的。

追溯历史是希望将其作为当代的思想资源进行应用。通过梳理历史可以激活新的知识点，我们不是仅强调设计中的"永恒之美"，"美的观念"是可以随着思想和技术的进步而改变的，传统的活力在于运动，而不是静止。创造这种体系的动力除了来源于技术进步之外，还依赖于思想方式的转变。科学史学家萨顿曾经提到过，在旧人文主义者同科学家之间只有一座桥梁，那就是科学史。这种判断对于解读设计史的作用也是适用的。

魏劭农

2018 年 3 月

目录

第一章 玻璃制品

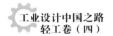

第一节　历史背景

中国玻璃产品的机械化生产是从 1883 年在上海生产出一只荷兰水瓶开始的，之后其他日用玻璃产品相继问世，但当时主导中国市场的是日本工厂生产的产品。由于技术含量不高，一部分在日本工厂打工或者经销其产品的中国人经过一段时间的观察，基本上掌握了玻璃产品的制造技术，并筹划自己建厂。在"九一八"事变之后，全国掀起提倡国货、抵制日货的运动，推动了国内民族工业的发展。1931 年至 1933 年，上海华商相继创办了晶华、晶鑫、天成等 20 余家玻璃厂。各厂开始制作玻璃料瓶及器皿，产品质量显著提高。其中规模较大的晶华玻璃厂主要为正广和汽水厂、怡和洋行、老晋隆洋行等提供包装用瓶，工厂以"品"字代替"晶"字做商标。之后，晶华玻璃厂获得正广和汽水厂与上海啤酒厂的 2 万美元投资，并由中国银行贷款从国外购进制瓶设备，从而使该厂成为上海最早采用机械化、连续化方式生产啤酒瓶的工厂。在"一·二八"事变中，闸北区多数工厂毁于炮火。而以人工方式生产玻璃产品所需设备简单、投资不大、容易操作，并且资金周转较快，因此上海的小型玻璃工厂如雨后春笋般不断涌现。在鼎盛时期，上海日用玻璃制品厂增至 40 家，产品外销东南亚等地，出口数量约占上海总产量的 50%。太平洋战争爆发后，因为运输受阻、销路受限，所以多家工厂相继停工。抗日战争胜利后，上海多家工厂重新开业，初期产销两旺，但不久美国产品大量倾销，国产玻璃制品受到沉重打击，加上通货膨胀，各家工厂的生产又陷入困境。

中华人民共和国成立初期，因为产品销路受限，所以工厂生产时断时续。后来在政府贷款的帮助下，工厂解决了生产资金周转困难等问题，又通过城乡物资交流，打开了产品的销路，工厂内部经过劳资协商，决定实行以销定产、保本生产，因此玻璃制品行业的生产及销售渐趋稳定。自 1952 年起，商业部门采取加工、订货、收购等措施，使整个行业由逐渐恢复走向发展。1953 年，日用玻璃制品出现供不应求的情况，上海市第一百货商店开始对上海玻璃器皿二厂生产的玻璃杯实行包销政策。1954 年第三季度，由于盲目扩大生产，逐渐出现产大于销的情况。后经上海市第一百货商店上海采购供应站包销全部玻璃杯，并且增加对玻璃瓶罐的订货量，上海玻璃制品行业的产销才恢复正常。1956 年年初，上海玻璃制品行业全面实现了公私合营。1956 年 9 月 1 日，上海市玻璃工业公司成立，统一负责玻璃制品行业各个工厂的生产管理，先后归口管理的有玻璃瓶罐、玻璃器皿、玻璃仪器及制镜等 231 家工厂。这种做法为拥有传统玻璃制造工厂的其他城市树立了学习的榜样，对合理使用劳动力、设备以及发展生产起了良好的作用，同时也为新建设的玻璃制造工厂提供了成熟的模式。

20 世纪 50 年代，上海的日用玻璃制品花式增多、品种丰富、质量稳定，部分产品还承担着出口创汇的任务。工厂的技术人员不断挖掘技术潜力、扩大产能，而设

图 1-1　20 世纪 50 年代，顾客在选购家用玻璃杯

计师则开动脑筋不断翻新产品装饰纹样和装饰手段，将不同装饰题材的产品推向市场，满足人民群众的基本生活需要。为此新华社还专门刊发了新闻图片，体现了当时中国工业建设取得的成就。

1958 年 1 月，玻璃、搪瓷和保温瓶行业进行合并，上海市玻璃搪瓷工业公司成立。1960 年，上海玻璃制品行业虽然面临燃料供应紧缺的困难，但是在全行业广大职工的共同努力下，渡过了难关，保证了人民生活必需品的生产。通过贯彻落实"调整、巩固、充实、提高"的八字方针，生产取得了明显成效。20 世纪 70 年代初期，在煤炭供应连续紧缺的情况下，全行业通过改造熔炉的燃烧系统，用重油代煤，为节约能源、实现自动化生产创造了条件。之后，通过对玻璃窑炉不断改造，全行业采用自动化熔制的池炉占窑炉总数的 89.3%，绝大部分工厂实现自动化生产。20 世纪 80 年代是中国玻璃制品设计、生产的黄金时代，因为国家实行了优先发展轻工业的政策，所以从欧美国家和日本引进了大量先进的制造设备，同时也购买了大量新的制造技术来完成产品的升级换代。轻工业部在全国布局，传统工厂的技术水平迅速得到提升，拥有较长生产历史的辽宁、广东、江苏、浙江等省的玻璃厂纷纷推出了优秀产品，积极进行以发展新产品为重点的产品结构调整。为了扩大品种、提高档次、增加产品附加值，玻璃厂将原来的单件产品逐渐发展成系列配套产品，开发了晶花系列、珍珠系列、蒙砂系列、超薄系列等，同时还开发了人造水晶等新产品，这些产品一部分满足了国内市场的需求，还有一部分作为外贸产品出口到世界各地。20 世纪 90 年代初，一家成熟企业开发的新产品可以达到 80 种左右。一批具有新材质、新装饰、新造型、新花色特点的产品先后投产，有力地推动了产品结构向新颖、高档、系列化、专用化方向发展。20 世纪 90 年代中后期，国有资本逐渐退出了日用玻璃制品行业，民营资本相继进入这个行业，主要承接国际订单，完成来样加工任务，同时也为国内市场提供产品。随着国外高档玻璃制品进入中国市场，消费者有了更多的选择，同时这也促进了中国企业的产品更新。

第二节　经典设计

　　玻璃杯是玻璃制品中的一类产品，早期仅有大、小康福杯及平光杯等品种，颜色只有白、蓝、绿三色。自 1931 年起，玻璃杯的生产有了较大发展，晶华、天成等厂相继生产方底杯，因为产品式样新颖、物美价廉，所以受到很多消费者的欢迎。1954 年之后，玻璃杯的生产实现了半机械化和机械化，随着印花技术的不断改进，产品在产量、质量和品种等方面都有较大的提升。玻璃杯的造型有竹节、方圆、三棱、八角、厚底、花底等新款式。在当时的产品中，双喜茶色对杯及套装杯受到消费者的格外青睐。产品正、反面以双喜和喜鹊纹饰装饰，采用机压工艺，使纹样呈现浮雕状，底部造型颇具设计美感，整个产品显得十分雅致。因为物美价廉，而且有吉祥的寓意，所以这款产品成了当时普通人结婚时的必备之物。上海玻璃器皿三厂制

图 1-2　双喜茶色对杯

图 1-3　双喜茶色套装杯

造了方圆杯，工厂在吸取国内外同类产品优点的基础上大胆创新，在造型上打破传统，采用了外方内圆的款式，三角纹样从底部一直延伸到杯口，由于纹样较深，产品具有了较强的折光效果，给人以一种新的感觉和美的享受。

　　1964 年，上海久丰玻璃厂（后更名为上海玻璃器皿四厂）成功研制出钢化杯，增强了普通玻璃杯的牢固度，延长了玻璃杯的使用寿命。1975 年，上海玻璃器皿三厂成功研制出喷黄刻花杯，给普通杯子的表面喷上金黄的颜色，再刻上花卉图案，使杯子看起来金光闪闪，深受消费者的喜爱。其他省市生产的普通机压印花杯是当时对外贸易的主角。虽然吹制印花杯的工艺不是特别先进，但通过设计，做到了色彩鲜艳、层次丰富、图案清晰，所以需求量较大，是当时设计的主要对象。在很长一段时间里，由于生产设备受限，玻璃杯的印花一次只能印制 180°，也就是说，围绕杯子一周的印花必须分两次完成，这限制了设计思路的拓展，也增加了生产工艺的难度。20 世纪 90 年代，中国从日本进口了可以实现 360° 印制的生产设备，从而保证了连续纹样的完整性，使杯子的印花图案可以更加丰富。

　　当时有一位设计师受到荷兰构成主义风格的启发，并基于 360° 印制的工艺特性设计了蒙德里安杯。这种产品一改过去的花草、风景题材的设计风格，一经问世便

图1-4 喷黄刻花杯

受到市场的热烈欢迎。这位设计师毕业于上海轻工业高等专科学校，读书期间正是国际现代艺术设计思想进入中国的时代，作为一名年轻学子，他对这些内容十分敏感和喜爱，在他的作业中也充分表现出了现代主义设计的特征。毕业进入工厂之后，他不愿意采用老一套的题材做设计，但他构想的新题材在工艺方面难以实现，所以

图1-5 印花杯

图 1-6　蒙德里安杯

他一直处在彷徨的状态，与大家的工作节奏也不一致。为此，领导、同事还曾经误认为他不务正业。恰在此时，工厂更新了生产设备，在对生产工艺进行认真研究的基础上，他提出了蒙德里安杯的设计方案，这也成为那个年代设计创新的突破口。他的设计方案迎合了当时人们向往现代化的心理需求，而且人们的消费观念正在迅速转化的过程中，所以这个题材的设计还被应用到了新的保温容器——气压式保温瓶上，引发了大众的消费热情。

高脚杯是玻璃制品中的一类特殊产品，上海益利玻璃厂自 20 世纪 30 年代初期开始生产，早期产量很少，每天只能生产 60 ～ 70 只，因此售价很高。1957 年，为了适应国内外市场的需要，上海玻璃器皿一厂扩大了生产能力，高脚杯的产量从日产 1 000 只增加到 5 000 只。同时，工厂还开发出各种规格及款式的高脚杯，形成了比较完整的系列。自 1983 年起，为了进一步满足国内外市场的需要和提高产品的竞争力，工厂不断完善产品表面的精刻深度与光洁度，使产品纹样更加精致，受到了国内外消费者的欢迎。1981 年至 1990 年，产品总销量达 1 189 万只，远销英国、澳大利亚、新西兰、加拿大等国家，并于 1983 年获全国质量评比第一名。

刻花（又称磨花）是一种传统的玻璃表面装饰加工工艺。早在 20 世纪 20 年代，上海就有中华凤记玻璃厂和益利玻璃厂在高脚杯、茶杯、烟缸、花瓶上应用刻花工艺。早期的花纹是通过普通的单刻工艺和简单的车刻工艺制造出来的。单刻是在单色玻璃制品表面用转动的砂轮磨刻花草、鱼虫、飞鸟等各种图案，线条如细丝，可以在制品表面产生清晰、美观的装饰效果。20 世纪 20 年代，协昌玻璃厂的刘林宝刻制过玻璃鱼缸。20 世纪 60 年代，上海玻璃器皿一厂借鉴了前人的刻制经验，在此基础上进一步提高，制造出新型玻璃鱼缸。设计者充分发挥了借景功能，在鱼缸的表面刻制了一百多个凹形圆点，犹如昆虫的复眼，实现了移步换景的效果。如果在玻璃鱼缸中放养一条金鱼，刹那间即可幻化成十多条，锦鳞纷呈，奇趣无穷。

在单刻工艺的基础上逐渐发展出了套料车刻加工工艺。套料车刻是指在两种以上颜色的玻璃制品表面，按照设计的花纹图案，用转动的砂轮磨刻，使颜色深浅不一的花纹图案显露出来，再经过抛光，制造出正式的产品。

图 1-7　铅套料车刻花瓶

图 1-8　蓝套料车刻花瓶

1958 年，上海玻璃器皿一厂进行人工抛光技术改造，采用以一定比例的氢氟酸溶液进行酸抛光的加工技术，提高了抛光的加工效率。套料车刻玻璃制品是一种精雕细琢的高档艺术品，由于价格高、产量低，初期供应市场的数量很少。自 1956 年起，为了满足出口创汇的需要，工厂逐步扩大生产能力，不断丰富品种和规格，形成了系列产品，品种包括盆、盘、茶具、酒具、花瓶、烟缸、花篮等，造型各异，色彩丰富，远销美国、英国、加拿大、澳大利亚、新加坡、菲律宾、苏丹等国家。套料车刻玻璃制品具有造型别致、折光率强等优点。20 世纪 70 年代至 80 年代，套料车刻玻璃制品的生产达到高峰。1986 年，上海玻璃器皿二厂的胡永德设计了一系列套料车刻玻璃制品，他在设计中既保留了传统玻璃工艺的气质，又融入了许多现代造型元素，特别是在产品提供的"面"上，自由奔放、贯穿整个器皿的车刻线条和中央圆点的布局使产品具有了点、线、面的综合视觉效果。更加值得一提的是，中央的红色圆点成了产品的视觉中心，营造出"大珠小珠落玉盘"的意境。如果说红套料车刻玻璃制品的设计营造的是一种热烈奔放的气氛，那么蓝套料车刻玻璃制品营造的就是一种梦幻的意境，产品流畅的线条好似一条奔腾的大河，或许也可以认为是天上的银河。

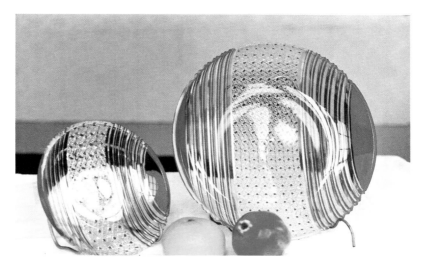

图 1-9　红套料车刻玻璃制品

　　上海玻璃器皿二厂的王立江是一位长期在技术科工作并一直行走在工艺道路上的设计人员。他在设计中善于运用各种元素，具有极强的组织能力，因此许多超常规的优秀设计产品在他的协调下都圆满地完成了生产任务，例如，需要较高技巧的单刻特大花瓶，以及需要具有系列感，但是其装饰元素又要与每一种制品的功能相

图 1-10　蓝套料车刻玻璃制品

图 1-11　单刻特大花瓶

图 1-12　带有抽象几何纹样的车刻花瓶

匹配的成套产品。为了达到不断推出新产品的目标，他积极改进生产流程，帮助工艺技术人员总结设计及工艺经验，督促做好设计和产品资料的归档工作。

王立江对组成车刻纹样的基本要素进行了总结，其主要观点是：由于工具受限，组成车刻纹样的基本要素并不多，主要有圆点、尖口（两头尖的短沟纹）、丝、杠（深而长的大沟纹）、棱面等。这些基本要素最适宜组成抽象的几何纹样，如果用它们来表现具象的动物或花草，则必须经过简化、变形，或者采用雕刻、腐蚀、喷砂等加工工艺。

（1）圆点：圆点可以分为整圆、半圆、椭圆。各类圆点可以单独使用，也可以群化组合。圆点给人的感觉是丰满圆润、静中有动。在车刻纹样中，圆点能与尖口形成对比，增加纹样的变化。

（2）尖口：尖口有粗、细之分，在纹样中多以组合的形式出现。常见的组合纹样有百结、转轮、扇头、菊花、雪花等。百结还可以衍生出偏心百结、空心百结、

图 1–13　带有抽象几何纹样的车刻成套玻璃制品之一　图 1–14　带有抽象几何纹样的车刻成套玻璃制品之二

内套百结，加之百结的头数不同，纹样的变化更加丰富。在车刻纹样中，由尖口组合而成的纹样常被用作主体。

（3）丝：丝是较细且浅的沟纹。在车刻纹样中，形态各异的丝给人以纤巧柔美的感觉。不同方向、不同数量的丝相互交织，可以呈现出宝石形或菊花形等大片纹理。这些精妙的纹理恰好与棱面、大杠等粗阔纹样形成对照，丰富了图案语言。

（4）杠：杠是较粗且深的沟纹。杠有直有曲，直杠刚劲挺拔，曲杠流畅秀美。

图 1–15　尖口的组合纹样

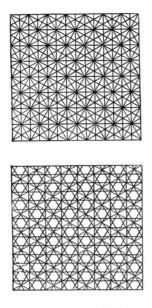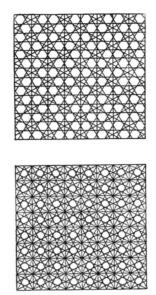

图 1-16　丝的交织纹样

杠的用途是分割空间、构成骨架，而且玻璃的折光主要由杠来体现。在车刻纹样中，强劲舒展的大杠给人一种具有力量的美感。

（5）棱面：车刻制品的口部、颈部和下部，以及难以进行精细花纹加工之处，常用棱面来处理。光润平滑的棱面、分明坚挺的转折丰富了圆形产品的造型，并与精细的纹样形成简繁对比。

以上五种基本要素的组合变化可以创造出琳琅满目的车刻纹样，但在具体应用时，必须遵循形式美的原则。

新材质应用是产品创新设计的基础。玻璃制品曾长期由传统的钠碱玻璃制造而成。1960 年，上海玻璃器皿一厂成功试制出含金、银微量元素的感光玻璃。用感光玻璃制造的产品在经过短波光照射后能呈现出特有的颜色，因而提高了产品的价值和观赏效果。1963 年，上海玻璃器皿二厂成功研发出稀土玻璃制品，其中以稀土茶具、稀土花瓶最为著名。稀土玻璃制品的特点是折光性能好，在不同灯光的照射下能变色，具有多元的审美效应和良好的艺术欣赏效果。稀土玻璃制品的毛坯经过车刻工人的精雕细刻后成为高档日用艺术品，在 20 世纪 70 年代末至 90 年代初曾经享誉一时。

图 1-17 用感光玻璃制造的成套产品

稀土玻璃色料车刻花瓶和铈钛黄稀土着色系列玻璃制品是胡永德在 1986 年设计的代表性产品，它们具有魔幻般的视觉效果，从根本上提升了产品品质，提高了产品附加值。这一类产品是上海市轻工业系统的攻关项目成果，在对外贸易中受到国际客户的一致称赞，获得了大量的订单。

作为一种新的装饰手段，堆花工艺是由轻工业部提出的赶超国际水平的项目，

图 1-18 稀土玻璃色料车刻花瓶

图 1-19　铈钛黄稀土着色系列玻璃制品

　　于 1979 年由上海玻璃器皿一厂试制成功。上海玻璃器皿一厂生产的景泰蓝堆花花瓶，主要采用堆花工艺与景泰蓝工艺相结合的人工装饰新工艺。景泰蓝产品经过堆花工艺装饰后具有立体感强、庄严、华丽、别具一格等特点，这是传统彩绘装饰所不能匹敌的。景泰蓝堆花玻璃制品的试制成功不仅填补了国内空白，同时也为传统产品的升级换代开创了一条新路，为发展中、高档产品，提高产品附加值，扩大出口创造了条件。该产品投入市场后受到消费者的青睐，并销往欧亚地区。

　　1981 年 7 月，上海玻璃器皿一厂成功研制出珍珠系列玻璃制品，造型设计突破了压制玻璃产品单调呆板的老形象，新产品花纹别致、造型奇特，具有较好的艺术效果和使用价值。1982 年投产之后，该系列产品深受国内外市场欢迎。1984 年，该厂进一步增加品种，包括盆、碟、碗、咖啡杯、腰圆盘、冰激凌杯、水具和组装式提环盒等 20 余种产品。该系列产品出口新加坡、马来西亚、加拿大、澳大利亚等国家，在当时属于国内首创，于 1985 年 12 月获得国家银质奖。

　　1983 年，上海玻璃器皿二厂成功研制出离心浇注成型玻璃制品，该系列产品具有光洁透明、色彩典雅的特点，包括荷叶果盘、孔雀果盘、离心西点盘等品种。1988 年，

图 1-20　景泰蓝描金花瓶

图 1-21　景泰蓝堆花小花瓶

上海玻璃器皿一厂成功研制出注射成型玻璃摆件，该系列产品将塑料制品的注射原理与传统的成型方法有机结合，开发的产品造型包括猫、猫头鹰、兔、松鼠、水晶鞋等，可以用作室内摆件及美化环境。1987 年至 1990 年，工厂生产的各种款式玻璃摆件达 2 万件。1989 年，该厂成功研制出超薄型系列玻璃制品，该系列产品具有轻巧、

图 1-22　珍珠系列玻璃果盘之一

图 1-23　珍珠系列玻璃果盘之二

图 1-24　珍珠系列成套玻璃产品

美观、典雅的特点，并且具有较好的装饰艺术效果和使用价值，可供宾馆、餐厅和家庭用作盛器或工艺摆件。1990年，超薄型花丝织玻璃果盘系列已经拥有方形、圆形、椭圆形等品种，而且产品具有了较高的折光率和透视率。

1990年，新风玻璃器皿厂成功研制出造型别致的旋型系列及恩黛特薄型系列玻璃制品，并先后投入批量生产。旋型系列玻璃制品是根据车刻产品花纹折光性强的原理设计而成的，具有仿车刻的效果，包括花瓶、烟缸、高脚果盘、三脚果盘、冰碗、

图 1-25　超薄型花丝织玻璃果盘系列

图 1-26　旋型系列蜂腰透明花瓶

图 1-27　旋型系列蜂腰有色花瓶

图 1-28　旋型系列吊钟花瓶

图 1-29　恩黛特薄型系列高脚果盘

冰激凌杯等 10 多个品种，规格不一，可以一物多用或组合使用，因此该系列产品十分畅销，年产量达 9 万打，行销全国多个省市，并出口到西班牙、意大利等国家。恩黛特薄型系列玻璃制品的特点是薄、轻，比一般产品节约生产原料 30% 以上，产品造型美观大方，达到了当时国际同类产品的水平。该系列产品包括冷餐盘、早餐具、咖啡杯、沙拉碗、高脚果盘等 10 多个品种，畅销全国各地，并出口到新加坡等国家。

无模成型玻璃制品的制作方式与模具成型或车刻装饰的普通玻璃制品不同，主要依靠人工吹制和窑前的手工操作，借助一些简单的工具，如湿报纸、钳子、镊子、夹子、剪刀、托板等，不用模具或者仅用辅助模具，趁着玻璃料处于灼热的塑性状态时，人工采用吹、拉、掐、粘、滚等方法完成玻璃的塑形过程。以这种方式制作的玻璃制品的造型比较接近设计师的原始设想，但使用简单工具制作的地方，会或多或少留下痕迹。退火后，除了制品底部需要进行磨平抛光之外，不再进行其他冷加工制作。因为这类玻璃制品依靠窑前手工操作，所以除了在坩埚口将吹管上正在制作的制品进行烘烤外，有时还要在窑前另设烘烤炉，那是一种利用煤气、燃油加热或者电加热的简易炉，温度可达 1 200 ℃，可以对成型过程中的玻璃料重复加热，便于完成复杂操作和热加工制作。我们还将这类制品称为窑玻璃，其设计制作需要由具有较高艺术审美能力同时手艺纯熟的人来完成。瓶口、瓶底等重要部位需要进行特别的艺

图 1-30　加大带耳蓝花瓶　　　图 1-31　加大带耳红花瓶

术化处理，这就犹如协奏曲的华美乐章，制作者可以充分发挥自己的才能，而其他细微之处也需要制作者充分发挥自己的想象力，将其当作小批量生产的艺术品来对待。20 世纪 70 年代至 90 年代，无模成型玻璃制品受到了市场的特别追捧，工厂借此设计生产了大量形态各异的花瓶制品，其中鱼造型的花瓶一枝独秀，包括金枪鱼、热带鱼、鲤鱼等多个品种。这类产品的设计很好地融合了工艺特性，将玻璃材料流动的特点与鱼类的动态结合起来，再加上色彩的恰当运用，产生了很好的视觉效果。这类产品的特点是装饰自由度大，造型独特，设计个性突出，但是难以实现大批量生产。

无模成型源于公元前 1 世纪后半叶古罗马的手工作坊，工匠们只需要用一根吹管挑料后，再用钳子、镊子、夹子、剪刀、托板等一些简单工具，凭自己的技艺，就可制作出各种玻璃艺术品。后来，虽然发明了模具成型，但是无模成型不受模型的限制，因此赋予艺术家更大的创作空间。中世纪时，威尼斯北部的穆拉诺岛是举世闻名的玻璃制作中心，穆拉诺岛的工匠们制作的无模成型玻璃艺术品繁多，例如，高脚酒杯的杯柄不是现在常见的直棍形，而是采用花朵、动物形态，或者有规则地缠绕成各种图案，凸显了工匠们高超的制作技艺。

20 世纪 40 年代，捷克斯洛伐克的艺术家与技术人员合作，将古老的玻璃制作技艺与现代艺术相结合，研制出现代风格的窑玻璃。20 世纪 60 年代，无模成型成为美国玻璃艺术家的主要创作方式。现代的窑玻璃摆脱了威尼斯古典风格，不以繁杂的纹样和多变的曲线风格为主，而是强调了造型的凝练、挺拔和自然舒展。我国的无模成型玻璃制品也受到了这种风格的影响，不仅可以用作室内的陈设品、装饰品，而且其中的大型制品还可以用作室外雕塑和主题景观装饰。另外，捷克斯洛伐克的窑玻璃多数采用厚胎，充分利用聚光和反射原理，突出玻璃材质透明和高折射率的特点。设计师运用无色、浅色和中间色，或以明料为主，中间套彩色，或将明料与色料结合，注重玻璃色彩的搭配，以便达到视觉效果的协调统一。

图 1-32　无模成型花瓶之一　　　　　　　　图 1-33　无模成型花瓶之二

图 1-34　形态各异的花瓶

图 1-35　形态各异的鱼造型花瓶

第三节　工艺技术

　　早期中国玻璃制品制造的工艺技术比较落后，料种单一，制作方式以人工为主，加工手段简单粗糙，因此生产率低、产品质量差、花色品种少。随着科研技术力量的增强，新料方、新工艺、新技术先后被开发应用，这些都有力地推动了玻璃制品行业的发展和提高。

　　从 20 世纪 60 年代开始，上海玻璃制品行业迅速发展。1960 年，上海玻璃器皿一厂研制出含金、银微量元素的感光玻璃。1963 年，上海玻璃器皿二厂研制出稀土玻璃料，该料是在原玻璃料中配入少量镧系元素，使玻璃的折光性能增强，制成的玻璃制品能在不同灯光的照射下变色，增强了玻璃制品的艺术效果。1966 年，为了发展耐热玻璃炊具，上海玻璃器皿二厂研制出微晶玻璃料。微晶玻璃料属于锂铝硅系统，由于在料方中引入了锂的成分，促成玻璃微晶化，使产品具有良好的耐热性能。微晶玻璃从 900℃的高温到 5℃的低温，冷热急变不爆裂，是制造厨房炊具的理想材料。1974 年，上海玻璃器皿一厂在坩埚炉内研制出含铅量 24% 的铅晶质玻璃料，由该料制成的玻璃制品表面具有较高的透光率和折射率，敲击时能发出清脆悦耳的金属声音，这标志着上海的玻璃制品制造水平又上了一个新台阶。1990年，经过质量攻关，上海玻璃制品的含铁量开始下降，白度有了提高，气泡明显减少。玻璃瓶罐的制造一般以钠碱玻璃料为主，上海各瓶罐厂使用的料种包括普白料、青白料、黄料、白瓷料、高白料以及含有低硼成分的中性料等。玻璃瓶罐产量大、用料多，当时作为主要原料之一的纯碱每年的消耗量都在万吨以上，因此价格较贵、供应紧缺。

早期的玻璃制品成型工艺可以分为人工吹制、人工拉制和人工压制等三大类。人工成型时，工人必须在熔炉附近操作，劳动条件差，易受玻璃辐射热灼伤，生产率低。1935年，上海的晶华玻璃厂和宝成玻璃厂先后从美国购进林取式制瓶机生产啤酒瓶，日用玻璃制品开始出现机械成型，但当时大多数工厂还是采用人工操作。1954年之后，上海的玻璃制品行业开始向机械化生产发展。

在器皿类产品生产方面：1954年，天成玻璃厂在试用黄发记机器厂制造的半机械压杯机之后，生产率比原来人工操作提高150%，废品率降低10%，劳动力节省20.5%。1958年，上海玻璃器皿一厂将人工吹制成型改进为压缩空气吹制成型，减轻了工人的劳动强度，优化了吹制技术。1962年，上海玻璃器皿三厂在经过数年努力之后，实现了国内首条机械化、连续化的机压杯生产流水线，杯子产量比原来提高25%，正品率提高16%，成本降低50%，一个生产班组可节约劳动力9人。1969年，上海玻璃器皿二厂从意大利引进自动吹泡机，使吹制杯从人工操作、半机械化进入机械化、连续化生产，产量和质量都大幅度提高。

自1983年起，上海玻璃制品行业积极研制新的成型工艺。同年，上海玻璃器皿二厂研制出离心浇注成型工艺，采用该工艺成型的玻璃制品具有表面光洁、边缘光滑、透明度好等优点。1986年，该厂从芬兰引进8工位自动离心浇注成型机，将生产工艺由人工操作变成机械生产，进一步提高了产品的产量和质量。1988年，上海玻璃器皿一厂研制出注射成型工艺，采用该工艺成型的玻璃制品可以随着模具造型的变化不断翻新，产品包括千姿百态、造型各异的玻璃摆件。1989年，该厂研制出超薄型玻璃制品成型工艺，摆脱了传统模式，以平板玻璃为原材料，产品在模具中烘烤而成，并将玻璃贴花和描饰工艺应用于产品装饰，从而提升了产品的观赏效果和使用价值。

在瓶罐类产品生产方面：早期除了上海的晶华玻璃厂和宝成玻璃厂外，其余小型工厂均采用人工生产。1959年，因市场上啤酒瓶供应紧缺，长宁玻璃厂（后更名为上海玻璃瓶一厂）采用由上海烟草工业机械厂研制成功的国产林取式风动六模制瓶机，使啤酒瓶生产实现了机械化。1966年，为了生产批量小、品种多的瓶子，上海玻璃机模厂和上海玻璃瓶五厂、上海玻璃瓶六厂等单位合作研制出中国式解放17型自动制瓶机。上海玻璃瓶六厂在使用该机后，产量比原来提高14.3%，产品合格率提高2%，并减轻了工人的劳动强度。自1967年起，上海制瓶行业采用山东轻工机械厂研制成功的四组行列式制瓶机，逐步取代了人工机，工厂的生产率大幅度提升。1978年，菲律宾籍华人企业家朱德康、朱德俊向上海玻璃瓶二厂（后更名为培德玻璃厂）赠送瑞典艾姆哈特公司制造的EF六组双滴料制瓶机，其生产率相当于四组单滴料行列式制瓶机的3倍以上，最高机速可达每分钟108只，产品合格率超过90%，使产品质量也有了保证。

在玻璃制品的装饰工艺方面，除了前面结合设计介绍的工艺之外，常用工艺如下。

（1）描花、印花：早期描花工艺十分落后，是将油漆和溶剂用手工描绘在玻璃制品上，操作简单、质量粗糙，尤其是描花的牢固度很差。后来，美艺料器社从美国和英国购买了低熔点玻璃色素用于描花加工，并采用手拉隧道式烘花炉进行烘烤，提高了描花的质量和牢固度。随着玻璃杯产量的不断增长，单靠描花工艺已经不能满足玻璃制品表面装饰的需要，因此上海日用玻璃制品行业开始发展印花加工工艺。20世纪50年代后期，上海玻璃器皿一厂研制成功机械和手工相结合的印花机，使生产率提高2倍。此后，多家工厂相继研制印花机并不断改进，将手工操作发展到机械化，从单色增加到四套色印花，产品色彩鲜艳、图案清晰、层次分明。1990年上半年，上海玻璃器皿三厂从国外购买了一台五套色全自动印花机，进一步提升了印花质量，产品在投入市场后获得了中外消费者的一致喜爱。

（2）贴花：为了丰富玻璃制品表面的装饰工艺，上海的工厂从江西、湖南的瓷

图1-36　采用腐蚀工艺的高脚果盆

器产地购买了适用于玻璃制品表面的彩釉印花贴纸薄膜，然后借鉴搪瓷贴花的经验，将薄膜平整地贴印在玻璃制品的表面，经过烘烤后，各种美丽图案的彩釉就固定在玻璃制品的表面上了。在1989年推出的蒙砂系列玻璃制品中，有一部分产品就是采用贴花工艺与蒙砂工艺巧妙结合制作出来的，其格调高雅，受到消费者的欢迎。

（3）腐蚀：又称浮雕，是手工描绘和化学处理相结合的一种加工工艺，于1958年由上海玻璃器皿一厂经过反复研制而取得的成果。腐蚀工艺采用石蜡或柏油作为保护层，在玻璃制品的表面绘制各种人物、山水、龙凤、花草、鱼虫等图案后，用氢氟酸在玻璃表面涂洗，有保护层的图案会被保留在玻璃制品表面，反之就会被氢氟酸腐蚀。经过腐蚀工艺加工后的表面图案立体感强、栩栩如生、光彩夺目，堪称一种观赏性很强的艺术品。因为工艺复杂、加工周期长，所以当时只能进行小批量的生产。

（4）喷黄：1975年，上海玻璃器皿三厂在中国进出口商品交易会上看到了喷黄玻璃糖缸，受到启发之后，决定用同样的配方进行手工试制，但是成本较高，需要耗用硝酸银和大量的酒精，因此在其基础上进行改进，以自来水代替酒精，并省去硝酸银，这样做不仅节约了成本，而且颜色纯正。1976年，上海玻璃器皿三厂成功完成喷黄工艺的机械化操作，之后又进行了喷黄杯刻花工艺的试验，使产品花纹

图 1-37　采用腐蚀工艺的玻璃盘和玻璃碗

图 1-38　采用腐蚀工艺的茶杯

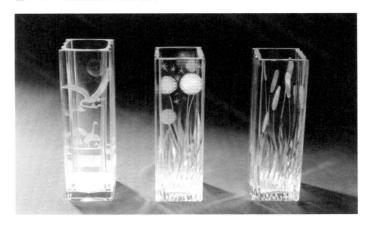

图 1-39　采用腐蚀工艺的花瓶

图 1-40　喷黄玻璃糖缸

泛出白色，与金黄色的杯面相互衬托，形成了强烈的视觉反差，再结合梅、兰、竹、菊等花纹使产品具有了很好的立体感和艺术效果。该系列产品投放市场后供不应求，之后又逐步发展出了喷刻配套系列，包括茶盘、冷水壶、茶杯、糖缸等。

（5）珠光彩虹：20 世纪 70 年代后期，上海玻璃器皿一厂研制出珠光彩虹工艺，该工艺主要用于各种玻璃制品的表面装饰，还可以用于灯具玻璃制品及其他玻璃表面的装饰。采用珠光彩虹工艺加工的玻璃制品，不仅表面五光十色、绚丽多彩，而且增强了耐酸、耐碱和耐磨的性能，产品经久耐用。

（6）晶花：1980 年 5 月，上海玻璃器皿一厂研制出晶花工艺，该工艺是在成型的基坯上用粒状中熔点玻璃基釉和金水涂层进行综合装饰，然后在温度适当的烘花炉内经过烘烤，使产品表面富有立体感、纹样具有不定向发散的效果。

（7）珠花：20 世纪 80 年代初期，上海玻璃器皿一厂研制出有颜色的低熔点玻璃，并加工出一定粗细的颗粒，之后经过印描技师反复试制，研制出珠花工艺。该工艺是一种手工和机械相结合的加工工艺，印成的珠粒状图案及花纹富有立体感，适用于玻璃茶具。

（8）蒙砂：蒙砂工艺是一种古老的工艺，上海玻璃器皿一厂在挖掘这一传统工艺的同时，辅以现代的科学手段，于 1989 年成功创新。蒙砂形成的主要原因是氟硅酸盐在玻璃表面形成膜，影响了氢氟酸和组成玻璃的各种氧化物进行化学反应的速度，从而形成了不平整的玻璃表面，呈现出蒙砂的效果。经过该工艺处理后的玻璃制品给人一种柔和、细腻的感觉。

　　玻璃制品的工艺技术还服务于下列三类产品：饮料瓶、酒瓶和化妆品瓶，其中化妆品瓶的要求最为复杂。自20世纪80年代起，上海的化妆品工业发展很快，许多新品纷纷问世。根据客户需求，专业生产化妆品瓶的上海玻璃瓶十厂在1980年至1990年为凤凰珍珠霜、银耳珍珠霜、雀斑霜、奥琪霜、莉施霜、霞飞增白雪花膏、雅兰雪花膏等产品，以及七日香、娜宝、美露等品牌生产了多款瓷白料化妆品瓶。除此之外，还有各种食品瓶、医药用品瓶和文教用品瓶等。

　　上海的玻璃弹珠最早是由日商开办的兴业玻璃厂生产的，这也是不容忽视的一类产品。1947年，复兴公记玻璃厂研制出16 mm和17 mm的单色玻璃弹珠。随着生产技术的不断提升以及生产规模的逐渐扩大，玻璃弹珠的主体颜色从透明色发展到乳白色、闪光色及金色等，花芯颜色也从单色发展到几十种颜色，品种包括彩色玻璃球、闪光球、中碱球、乳浊彩色球、金色球及印刷球等，在用途上扩展到智力游戏、摆件装饰以及建筑物上的装饰，特种规格的玻璃弹珠还可以应用于健身、印刷和化妆品等领域。

　　1966年，上海玻璃器皿二厂研制出具有优良耐热性能的微晶玻璃，日用玻璃制品开始向厨房炊具方向发展。此后，品种逐步增加，有咖啡壶、砂锅、圆盘、餐具、耐热杯以及电磁灶面板等。1989年，微晶耐热玻璃器皿获国家质量银质奖。随着家用冰箱销量大幅度增长，冰箱中的盛器成为广大消费者需要的热门货。1984年，上海玻璃器皿三厂成功研制出B250型冰箱盖碗。1985年，又推出了B640型和B1600型两个品种，组成了冰箱盖碗系列。该系列产品因为配有白色塑料盖，密封性强，用冰箱盖碗盛放的食品冷藏后不变色、不串味，所以成为家用冰箱的必备之物。

　　20世纪70年代初，上海玻璃器皿一厂研制出含铅量为24%的中铅晶质玻璃制品。该产品具有较高的透明度，敲击时能发出清脆悦耳的金属声音，是一种高级的玻璃艺术品。1984年，为了进一步提高质量和扩大生产，工厂从国外引进具有世界先进水平的电熔炉和机械压制铅晶质玻璃制品的成套设备，生产的产品包括果盆、糖缸、花瓶、蛋糕盘等 10 余个品种，并逐渐形成系列。该系列产品投入市场后受到国内外消费者的欢迎，至 1990 年总销量达 227 万只，其中外销 140 万只，出口到美国、澳大利亚、加拿大、新加坡、马来西亚等国家。

在熔制玻璃时，加入少量玻璃着色剂可以使玻璃的颜色发生变化，其主要规律如下。

（1）绿色玻璃的着色剂可以是氧化铬。依据不同的玻璃类型，在不同氧化条件下，氧化铬可以将玻璃着成冷色调的绿色至暖色调的黄绿色之间的一系列颜色。氧化铬俗称铬绿，具有黏度大、易结团的特点，在玻璃液中的溶解度比较低。绿色玻璃在熔化时容易产生绿色的铬绿点，需要提前用干硅砂等原料进行稀释。重铬酸钾、铬酸钾、铬酸钠加热分解后的产物能将玻璃着成绿色，可以作为氧化铬的替代物使用。此外，氧化钒也可以将玻璃着成浅黄绿色，但是由于原料价格昂贵，所以很少使用。

（2）蓝色玻璃的着色剂可以是氧化钴。在还原性气氛较强的情况下，氧化铁也可以将玻璃着成蓝绿色，但着成的颜色较浅且暗淡，在实际生产中很少使用。氧化钴的着色能力极强，形成的蓝色通常被称为钴蓝色。依据不同的玻璃类型，氧化铜

图 1-41　白天鹅玻璃烟灰缸

也可以将玻璃着成天蓝色至蓝绿色之间的一系列颜色。在水晶玻璃内，氧化铜可以着成一种特有的蓝绿色。与钠钙玻璃相比，高铅水晶玻璃或者钾钙玻璃中加入氧化铜后，着成的蓝色会更重一些。氧化铜还经常与氧化铬、氧化铁、氧化钴等共同作用，使玻璃颜色产生蓝色至蓝绿色的变化。

（3）紫色玻璃的着色剂主要为锰的氧化物，氧化钕或者氧化镍也可以作为紫色玻璃的着色剂使用。三氧化二锰可以将玻璃着成紫色或紫罗兰色，若还原成一氧化锰则玻璃变为无色，所以必须保证紫色玻璃内的氧化性气氛。出于环保方面的考虑，使用氧化锑替代氧化砷时，紫色玻璃的颜色会变淡、变棕。氧化镍在钾钙玻璃和水晶玻璃里会呈现紫罗兰色，但是在普通钠钙玻璃里会呈现棕色。氧化镍在钾钙玻璃里呈现的紫罗兰色最纯正，在钾钙玻璃和水晶玻璃里加入少量的氧化钠会使紫罗兰色变棕。钕是稀土元素，氧化钕呈现浅紫罗兰色，但是由于价格相对昂贵，多用于高档玻璃制品中。

（4）黄色玻璃的着色剂是硫化镉，这是一种能使玻璃呈现亮黄色的着色剂。氧化钛和氧化铈共同作用可以使玻璃呈现黄色，但是这种黄色在达到一定程度时，即使再加着色剂，颜色也不会有明显变化。硫黄不是一种独立使用的着色剂，它和氧化铁共同作用可以将玻璃着成黄色至棕黄色之间的颜色，但是为了保持硫的稳定性，需要控制还原性气氛。硫酸钠和碳共同作用可以将玻璃着成棕黄色（琥珀色）。当配合料里铁含量较低的时候，少量的硫化物可以使玻璃呈现淡黄色，或被称为金色。无论是铈钛黄还是硫黄着色，都是一种淡黄色，没有硫化镉着色的颜色鲜艳。银可以使玻璃呈现银黄色，银化合物的原料有硝酸银、氧化银、碳酸银，其中以硝酸银着成的颜色最为均匀。添加氧化锡可以改善玻璃的银黄着色。

（5）金红玻璃的着色主要依靠黄金。为了得到稳定的红色玻璃，应在配合料中加入二氧化锡和黄金。20 g 的黄金主要以三氯化金溶液的形式加入配合料中可以得到 100 kg 的玻璃液。金红玻璃色泽鲜艳，但价格较高，多用于制作高档的手工艺术品。

硒红玻璃呈现的是硒与硫化镉共同作用形成的橘黄色至红色之间的一系列颜色。硒红玻璃需要保持中性或弱还原性气氛，常用原料有硒粉、亚硒酸钠或亚硒酸锌、硫化镉、硒化镉等。硒粉可以使玻璃呈现肉红色，这需要在氧化条件下着色而且加入足量的硒粉。硒化镉可以将玻璃着成红色，硫化镉可以将玻璃着成黄色，不同比例的硒和硫化镉可以将玻璃着成由黄到红的一系列颜色。在熔化过程中，硒和硫化镉的大量挥发会对环境造成一定的危害。

（6）玻璃呈现米黄、棕黄、灰色等中性颜色是多种着色剂组合作用的结果。米黄多为铈钛黄，即氧化铈与氧化钛的结合。棕黄可以是硫碳着色，固定着色剂中的硫黄，只调整碳粉量就可以控制颜色的深浅。灰色系一般使用氧化锰与氧化铬结合，或者氧化铬、氧化钴、氧化镍结合。

第四节　产品记忆

胡永德1963年毕业于浙江美术学院（现中国美术学院）版画系，毕业后进入上海玻璃器皿二厂成为一名美工，设计了很多优秀的产品。他不拘泥于传统的设计思路，十分注重对玻璃工艺的研究，善于应用引进的新技术、新设备、新材料展开设计。20世纪80年代，胡永德在了解国际玻璃制品设计新动向的基础上大胆创新，在设计方面突破了大量小花型平均累积装饰的传统，以流畅的线条贯穿整个产品，同时以疏密有致的布局打造产品设计，在高档产品的设计中展现了玻璃工艺的流畅之美。此外，胡永德还擅长深度刻画设计对象，表现玻璃工艺的凝固之美，通过设计为产品增加附加值。他的这些设计思想在体现产品构思的设计稿中可以更加直观地感受到。

胡永德是一位接受过系统艺术教育的设计师，其个人修养和审美态度是创作出优秀设计作品的基础。从胡永德的版画作品中可以看到，他的素描能力极强，虽然聚焦的都是一些"小品"，但构图宏大、线条流畅、细部精致。生活中的他喜欢种植仙人球，花盆摆满了家里的窗台。他同时也是一个摄影发烧友，喜欢照相机几乎到了痴迷的地步。他还是一位音乐爱好者，经常邀请一些设计师在家里相聚欣赏音乐。

图 1-42　玻璃制品设计稿之一　　　　　图 1-43　玻璃制品设计稿之二

胡永德向往的是"营造气氛、体验意境"，这与他在设计上的追求是一脉相承的。

　　曾经担任上海玻璃器皿二厂技术科科长的王立江在长期的设计和生产工作中十分注重积累资料，他分门别类总结了 1 000 余款设计图样并编辑成册。1987 年，王立江在《玻璃与搪瓷》杂志上发表文章，以各种形式美法则为主线介绍了车刻玻璃制品的设计纹样，其中一种为粗犷型风格。具有粗犷型风格的产品的坯身较厚，加工特点是采用大块面的切削、磨琢大的圆点和深而阔的沟纹，组成十分简洁的纹样；艺术特点是明快、大方，具有现代感，容易与现代建筑、室内装饰协调一致。但是如果处理不当，往往会显得简陋、粗糙。比利时等国的车刻玻璃制品多采用粗犷型风格，而捷克斯洛伐克的车刻玻璃制品则侧重于精细型风格，也可以称为古典式风格。我国重庆、大连、上海等地的车刻玻璃制品也主要受这种风格的影响，主要的表现手法是以大杠为框架进行分割，配以百结、扇头、箩眼，特点是细腻、华美。但是如果布局不当，往往会显得过于繁乱。

　　以上所提两种风格迥然相异，不少人偏爱那种大块面、大花型的粗犷型风格，

图 1-44　木版画《捕鲨鱼》

图 1-45　藏书票《鸟》

图 1-46　铜版画《狮子》

图 1-47　石版画《猫头鹰》

觉得时代感强，其实设计风格各有千秋，不应扬此抑彼。多种风格并存，方见艺术园地丰富多彩，这一道理在其他艺术形式中也是常见的。例如，中国绘画有写意和工笔之分，古典诗词有豪放和婉约之别，篆刻艺术有奔放挺峻的白文和清秀圆润的朱文之异。总之，粗犷也好，精细也好，无论何者都必须有精到的设计，方能发挥各自的特长，以满足人们不同的审美趣味和欣赏要求。除了以上两种风格之外，有些车刻玻璃制品兼具两者之长，粗细结合，粗中有细，呈现出崭新的面貌。还有些车刻玻璃制品借用现代设计中平面构成原理处理纹样的渐变、位移，但这种表现手法不能突出车刻的特点，尚需不断探索。

王立江还十分注重产品的包装设计，以此为工厂赢得了更多的订单和利润。1990年，他在《中国包装》杂志上刊登的文章中提到：上海玻璃器皿二厂是以生产机吹杯和离心浇注果盘为主的中型玻璃器皿生产厂。1980年以前生产的产品没有经过包装美化，之后短短几年里，30多个不同品种的产品经过了包装美化。这些新包装提升了产品档次，促进了产品销售，使工厂获得了明显的经济效益。1988年，美化包装的产品的数量共150多万只，产值225万元，仅靠改进包装带来的经济效益就达50万元，而且继续以每年15%的速度递增。改进包装使产品增强了竞争力，同时也提高了企业的知名度。

日用玻璃制品行业是耗能较高的行业，所以随着日用玻璃制品行业的迅速发展，能源的供需矛盾日益突出。各工厂为了缓解供需矛盾、进一步降低成本、提高经济效益，坚持不断地改造窑炉结构、改进操作方法、加强管理制度，为国家节约了大量的能源。

1957年，上海玻璃工业公司在行业内推行窑炉结构设计的改革，全行业一年节煤3 896.6吨。1976年，上海玻璃瓶五厂在有关科研教学单位的配合下，开始应用超声乳化油渗水燃烧技术。在应用该项技术的1976年至1986年中，共节约重油约1 000吨，后在全行业38家用油单位推广应用。从1978年下半年开始推广应用氧量分析技术，改进了以往因燃料油燃烧时助燃空气太多造成用油浪费的操作方法，取得了明显的效果。同年，上海玻璃器皿三厂对油喷枪进行改造，将原来使用2只油

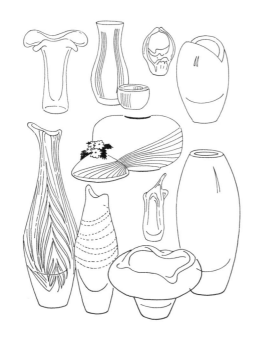 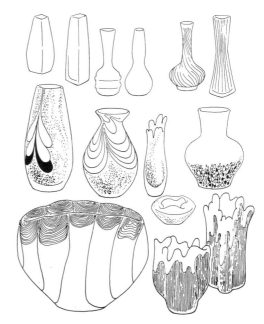

图 1-48　车刻设计图样之一　　　　　　　图 1-49　车刻设计图样之二

喷枪改为使用 1 只，节油 10％，一座窑炉每天可节油约 2 吨。1982 年，上海玻璃仪器一厂应用炉底清料新技术。之前在熔制玻璃料的过程中，每当遇到炉底杂质及沉淀物严重影响产品质量时，多采取停炉降温、人工清料的办法，既影响生产，又浪费能源；应用新技术之后，在炉底开一口，需要时打开就能使沉淀物掉出来，不需要停炉降温、人工清料，取得了节油增产的效果。这一技术在 20 世纪 80 年代后期还进行了不断的改进。上海玻璃工业公司在行业内推行节能管理工作，建立"四有、四勤、三查、三定"制度，使节油工作逐步做到经常化、制度化。"四有"：进油有记录、用油有计划、消耗有定额、班组有考核；"四勤"：勤看火焰、勤看仪表、勤联系、勤调节；"三查"：查管理设备、查加出料平衡、查炉体审火；"三定"：定炉温、定油耗、定掺水量。1980 年至 1983 年，为了进一步推动节能工作各项技术措施的落实，轻工业部按照窑炉类型、燃料种类、产品品种、玻璃质量和企业管理水平等划分了窑炉和生产线的等级，在全国日用玻璃制品行业内进行评比。1989 年，

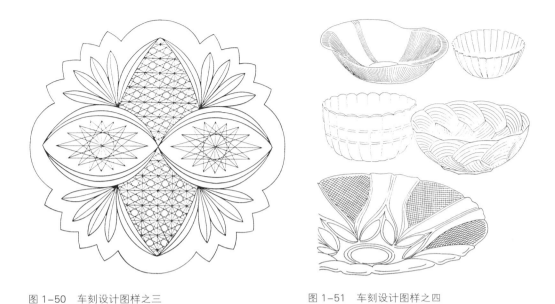

图 1-50　车刻设计图样之三　　　　　　图 1-51　车刻设计图样之四

上海玻璃器皿二厂将窑炉管理和技术改造相结合，使生产机吹印花杯的 22 m² 马蹄式池炉的重油单耗低于国家特等炉的能耗指标，被轻工业部评为全国同行业中第一只特等炉，上海的节能改造为全国同行树立了榜样。

1983 年，根据中国与德意志民主共和国签订的科技交流备忘录，轻工业部组织人员赴德专题考察日用玻璃熔炼技术和设备。在考察报告中，关于节能方面的内容占据了很大的篇幅，这是因为当时考察的外方工厂的规模与中国相当，产品结构相似，所以考察人员发现了许多可以借鉴的地方。同时，考察人员还发现了较好的生产装备都来自意大利、德意志联邦共和国或者日本，无论是节能效果还是自动化程度都高于中国，而那个时期中国已经加快了进入国际市场的步伐，所以将采购生产装备及先进技术的目标投向了西方国家，在之后很短的时间内实现了技术升级。

第二章　搪瓷制品

第一节　历史背景

近代日用搪瓷制品工业产生于 19 世纪中叶的欧洲。1878 年，德国、奥匈帝国的日用搪瓷制品开始输入我国。1914 年第一次世界大战爆发后，日本借机向我国大量倾销搪瓷制品，市场基本被日本垄断。在此期间，外商开始在上海建立搪瓷厂。1916 年秋，英国商人麦克利在上海闸北顾家湾（现中山北路、恒业路附近）开办广大工厂，雇用中国工人生产牌照、口杯、饭碗等搪瓷制品。1918 年，日本田边洋行在上海虹口开设耀华珐琅株式会社，生产饭锅、口杯等搪瓷制品。次年，广大工厂歇业，由华商徐道生等人集资白银 10 万两接盘，改组为华商铸丰搪瓷股份有限公司。耀华珐琅株式会社由华商王一亭与日商中岛等集资接盘，改组为上海工商珐琅株式会社。在此期间，我国民族搪瓷工业也在上海兴起：留奥学习美术珐琅的刘达三与华商姚慕莲合资，1917 年在闸北恒丰路开办了中国第一家自办的中华美术珐琅厂（中华制造珐琅器皿公司）；1918 年，中华职业学校创始人黄炎培在校内设立珐琅科，并附设实习工厂，生产双手牌搪瓷口杯、面盆、茶盘等；1919 年，王汉强等开办广达搪瓷厂。虽然这些工厂之后因多种原因相继停办，但是在技术、人才等方面为上海搪瓷工业的发展奠定了基础。

1921 年 9 月，珠宝商董吉甫等集资接盘广达搪瓷厂，并将其更名为益丰搪瓷厂。同月，中华职业学校职员方剑阁、顾志廉等集资银元 5 000 元，租用珐琅科实习工厂，开办中华珐琅厂。1924 年，童世亨接盘华商铸丰搪瓷股份有限公司，改组为铸丰通记搪瓷公司，卢玉岐开办国内第一家自制瓷釉的大钧琅粉厂。同年开办的还有兆丰珐琅厂、协丰搪瓷厂等。1925 年，在抵制洋货运动的压力下，日资上海工商珐琅株式会社停办，至此，我国民族搪瓷工业在上海形成。

1925 年，全国掀起了抵制洋货运动，这为民族搪瓷工业的发展提供了机遇。上海生产的搪瓷制品开始行销全国各地，并出口至东南亚。1928 年，铸丰、益丰、中华、兆丰四家搪瓷厂的产量占全国搪瓷制品总产量的 90％以上。1930 年，应搪瓷行业及其他国货行业的要求，国民政府将搪瓷制品的进口税从 5％增至 12.5％，在一定程度上遏制了国外搪瓷制品的输入。在国货搪瓷制品中，上海的营业额为 410 万元，占全国总营业额的 94.5％。在有利形势的推动下，益丰搪瓷厂在上海增设了三家分厂，并在广州、香港设立分厂；中华搪瓷厂在上海增设了两家分厂，并在汉口、杭州、南京等地分设发行所。与此同时，新厂大量涌现。1929 年，李直士、李拔可、刘鸿生等人集资 30 万元，创建华丰搪瓷公司，其设备、技术全部从德、日两国引进，居同行业之冠。1931 年，顾志廉等 9 人集资 10 万元，开办久新珐琅厂，因善于经营而稳步发展，成为搪瓷行业的后起之秀。当时在上海开办的规模较小的搪瓷厂有九丰、求新、上海、合丰等 20 余家，在数量方面占全国一半以上。为了与日货竞争，各个工厂改进技术，添置设备，推出各种造型的面盆、痰盂、火油炉、医用器具、生铁搪瓷制品等，产品花色繁多，质量不断提高，逐步取代了日货。

1937 年，日军进攻上海，设在南市、浦东的各搪瓷厂陆续陷入敌手，益丰、中华、铸丰、华丰、久新、九丰、求新七家工厂的直接损失共计 36 万元，许多工厂因损失惨重而停产、倒闭，工厂数量从战前的 30 余家减少至 10 余家，这使我国正在蓬勃发展的搪瓷行业受到了沉重的打击。在抗日战争期间，因为租界内人口稠密，黄浦江上外轮仍可进出，所以搪瓷行业还曾经一度出现旺销的虚假繁荣景象。在租界内重建的华丰、久新、中华、铸丰等搪瓷厂以及设立分厂的益丰搪瓷厂，产销两旺，获利颇丰，产品出口也迅猛增长，1939 年至 1941 年，80％的产品销往国外。租界内还新开办了光华、大陆、华生（后改组为义生搪瓷厂）、协大、协昌等搪瓷厂。随着太平洋战争的爆发，日军占领租界，美国禁运铁皮原料来沪，各厂被迫减产、停产，外销市场亦告断绝，搪瓷行业再度衰落。

抗日战争胜利后，海运逐渐恢复，铁皮原料陆续输入，国内及东南亚市场对搪瓷制品的需求较为旺盛，因此搪瓷行业出现了短期的繁荣景象，停工待料的各厂相继复工，新厂大量创设。1946年，上海开办了泰丰、顺风、锦隆、华业、新华等厂，次年，开办了民丰、金星、华成、立兴等厂，产品内销及外销都供不应求。但是，自国民政府实施外汇管制之后，铁皮原料的输入受到限制，再加上恶性的通货膨胀，搪瓷行业从1947年下半年开始逐渐萎缩，直至完全陷入困境。之后，部分搪瓷厂把资金、设备等迁至香港，全行业半数设备流失，产品国内销量锐减，外销市场被占，至1949年4月，全行业20余家工厂全部被迫停产。

中华人民共和国成立之后，为了帮助搪瓷行业尽快恢复生产，上海市人民政府实施积极的扶持政策，预付大批定金订购军用搪瓷制品。1950年4月，将订货改为收购现货，5月起将每季核批外汇用于购买进口原材料，并实行配料订货。在此期间，各个搪瓷厂建立了劳资协商会议制度，通过降薪、延长工作时间、增加产量等措施帮助工厂复工和维持生产。1951年5月，上海市第一百货商店与8家工厂签订长期订货合约。同年8月，上海市第一百货商店又与16家工厂签订配料订货合约。国家对资本主义工商业采取利用、限制和改造的政策，使搪瓷行业从恢复走向发展。1951年至1952年，全行业的生产总值为1950年的2倍，国家加工、订货、收购的数量占全行业销售总额的66％，主要原材料及订货合约的实施由国家掌握，搪瓷行业的生产开始纳入国家计划经济轨道。1953年，上海市第一百货商店与12家搪瓷厂签订包销合约。1954年1月，全行业产品全部实行包销，搪瓷行业的产供销进一步纳入了国家计划经济轨道。

随着国家对私营搪瓷厂的社会主义改造逐步深入，1954年2月16日，顺风搪瓷厂率先实现公私合营。同年3月至7月，上海市第一百货商店派出驻厂员或督导员进驻14家工厂，加强行业改造。同年7月至11月，益丰、久新、义生、华丰四家搪瓷厂实现公私合营。1955年9月，全行业实现公私合营。1955年12月5日，上海市搪瓷工业公司成立。1956年年初，上海市搪瓷工业公司对28家制坯协作厂和分散在其他行业的协作厂实行归口管理。同年2月，将41家协作厂纳入各搪瓷厂代管。1957年，全部制坯协作厂并入各搪瓷厂，理顺生产管理体系。鉴于搪瓷行业中有39％的工厂缺乏健全的生产工序，厂房狭小，设备落后，资金短缺，所以全行业实现公私合营后将部分小厂并入大中型厂，使搪瓷行业内各厂都成为工序健全的全能厂。经过调整，全行业生产的品种达170余个，形成了饮食用品、洗涤用品、医用制品、其他杂件四大产品系列，外销渠道打开，内销遍及全国各省市。

1957年，为了改变在上海开办的搪瓷厂过于集中的状况，部分工厂被外迁，立兴、华昌、铸丰、泰丰、勤丰、中华等厂先后被迁往合肥、福州、开封、兰州、济南、南昌等地，外迁的工厂给当地带去了生产设备、成熟的技术人员和产品，为全国搪瓷行业的合理布局和发展做出了贡献。1958年，搪瓷行业在生产技术设备、产品花色品种、产品出口创汇等方面都突飞猛进：上海研制成功全国第一座搪瓷自动窑，填补了国内空白的钛白和钛彩色瓷釉，以及全国首创的自动喷搪机、自动喷印光及外花机、旋转式喷花台等，大大改善了搪瓷行业特有的劳动强度高、手工操作繁重的状态，使制坯工序基本实现了机械化、半自动化；全年的新产品有67个，新品种有170个，大部分为出口产品，各厂设计的产品花样题材丰富、饰花手法和风格多变，仅益丰厂全年设计的新花样就达332个，此外天光化工厂还开发了一系列替代进口的新色素，使产品畅销市场。

自1969年起，部分省市的搪瓷厂停产，因此市场对上海生产的搪瓷制品的需求量增加，出口量扩大，加之工厂广大职工排除干扰、坚守岗位、稳定生产，使全行业生产呈现连年增长态势。但是，这一时期生产的搪瓷制品的质量下降，品种开发及技术进步相对缓慢，产品花色与素色比例严重失调，花样简单、呆板。

1979年，上海搪瓷行业从市场需求出发，调整传统产品结构，提高产品质量，增加花色品种，压缩、淘汰市场滞销品种。1979年至1982年，搪瓷行业各厂设计的新花样达2 778个，在花样设计方面形成了各自的特色，推出了精细图样双猫图、花好月圆、万紫千红、芙蓉鸳鸯等面盆及描金面盆、痰盂小配套等。在全国范围内，更新换代的产品设计不断涌现。

1979年，不锈钢制品、搪瓷烧锅异军突起，成为与搪瓷制品竞争的主要品种。上海不锈钢器皿厂成为国内第一家生产不锈钢器皿的专业厂，上海搪瓷五厂、上海

图 2-1 设计师在研究搪瓷新产品设计

搪瓷三厂、久新搪瓷厂也先后开发生产不锈钢制品。1984 年，不锈钢制品产量从 1979 年的 144 t 跃升至 1 098 t。搪瓷烧锅、不锈钢制品等新产品的大量投产促进了出口创汇的增长，烧锅出口从 1979 年的 16.4 万件猛增到 1982 年的 140 万件。1984 年，上海搪瓷行业生产的烧锅首次进入美国市场。

1986 年 12 月 20 日，上海搪瓷不锈钢制品联合公司成立，由 15 家工厂在自愿、互利的基础上组成对国家直接承担经济责任、具有外贸法人权的工贸结合的经济实体。公司组建后，在乡镇搪瓷厂大量涌现、市场竞争激烈的情况下，加大调整产品结构、行业结构的力度和深度，进一步推进生产技术进步、提高企业管理水平。1987 年至 1990 年，各厂相继推出了搪瓷厨房用具五件套、搪瓷建筑平板、中高档铸铁搪瓷浴缸、远红外电加热反应罐、彩色钢板搪瓷浴缸、搪瓷不锈钢家用电器制品等新产品和新品种。1988 年 3 月，公司被批准可以直接经营进出口业务后，根据国际市场的信息，及时组织开发和生产外商需要的产品，产品遍及世界 120 多个国家和地区。随着资金大量投入，搪瓷行业加快了改造厂房及设备的步伐，先后投产的引进国外先进技术设备的项目有：全自动丝网印搪瓷印花机、大面积搪瓷平板自动涂搪机、煤气辐射管窑炉、烧锅自动涂搪机、机器人釉浆喷涂设备、不锈钢底覆铝生产设备等。各厂在为引进设备配套的过程中，建立了专业化流水线，大大提高了机械化、自动化程度。1988 年，公司开始实行经营承包责任制，并在工厂内部推行各种形式的经济责任承包。历经 20 世纪 60 年代到 90 年代的鼎盛时期，搪瓷行业也不可避免地逐步走向衰退，一部分企业基于原来的钢加工工艺转产不锈钢制品，一部分企业考虑到环境保护的要求被关闭，而具有悠久历史的上海搪瓷企业是基于城市发展定位的要求被关闭、停产或转型的。

第二节　经典设计

日用搪瓷是搪瓷行业的主要产品门类之一，具有生产历史长、产量大、品种多、用途广的特点。早期生产的日用搪瓷产品均为素色。1924 年，上海益丰搪瓷厂首创堆花技术，对食篮进行装饰。1925 年，上海益丰搪瓷厂又率先以喷花技术喷饰产品，开始为单版单色的单喷，后来发展为双版双色和多版多色的复喷。1926 年，其他工厂也开始应用堆花、喷花技术。1927 年，上海益丰搪瓷厂将陶瓷贴花纸应用在搪瓷制品上，并另设工厂专制贴花纸。因为喷花产品色泽鲜艳、不会磨损，所以喷花技术是各个工厂重点采用的技术。但是喷花需要手工操作，如无吸尘设备就导致粉雾弥漫，容易使工人患上硅肺病。在 20 世纪 30 年代，搪瓷行业的饰花技术包括喷花、贴花、堆花、喷贴花、刷花、涂金、油绘 7 种，其中喷花发展到 6 ～ 8 套色彩，并由专家绘制各种艺术图案，使花样变得绚丽多彩、更为精致。

20 世纪 50 年代至 70 年代，虽然搪瓷产品的饰花技术仍以喷花为主，但是生产条件、辅助设备以及花样图案等均有所发展。1952 年，花样套版增至 12 套以上。1954 年，采用氯化铁溶液腐蚀套版，替代了手工敲凿工艺。在实行公私合营后，各厂喷花车间全部配装了吸尘设备，降低了粉尘的危害。1958 年至 1960 年，上海益丰搪瓷厂、上海华丰搪瓷厂研制成功喷饰单色图案的自动印花机、外花机、内花机以及旋转式喷花台等。为了替代手工喷花，上海益丰搪瓷厂于 1974 年研制成功程序数控自动喷花机，但是因为设备性能不稳定，1977 年后停用，仍采用手工喷花。

贴花技术的兴起使饰花技术出现了突破。1973 年，上海搪瓷二厂研制成功平板搪瓷贴花纸，但是因为装饰效果欠佳于 1980 年停产。同年，上海华丰搪瓷厂为了提高烧锅的档次，扩大出口，开始研制当时国际上流行的丝网印搪瓷贴花纸。历时半年，经过 314 次试验后研制成功，这一技术提高了产品质量，填补了国内空白，使生产场地节约 50%，每套烧锅的喷花耗粉从 120 g 下降到 5 g。次年，上海华丰搪瓷厂建立了生产贴花纸的车间，率先以贴花纸全部取代喷花。1987 年，上海华丰搪瓷厂引进日本全自动丝网印刷机、显影机、制版机、连晒机等设备，改变了原来的手工印刷方式，提高了贴花纸的质量及产品档次。丝网印搪瓷贴花纸与喷花相比，画面色彩更丰富，图样逼真清晰，美术设计人员可以突破喷花技术的局限，将各种流派的图样灵活巧妙地运用到搪瓷产品的装饰上。操作人员在恒温室内将浸在水中的贴花纸的衬纸揭掉，取出纸膜贴在产品表面，然后擦干水分即可，整个操作过程不仅杜绝了粉尘，而且降低了劳动强度。至 1990 年，除上海华丰搪瓷厂专业生产贴花烧锅之外，上海益丰搪瓷厂、上海搪瓷二厂、上海搪瓷三厂、上海锦隆搪瓷厂、上海久新搪瓷厂等都在喷花车间内建立了贴花小组，贴花产品也从烧锅扩展到痰盂、杯子、储存碗、菜锅、有脚碗、搪瓷壶、圆盘、搅拌碗、咖喱锅等。

1917 年至 1924 年，上海搪瓷行业为了抵制洋货曾试制过搪瓷面盆，但是因为当时生产设备简陋、技术水平低下、产品质量差而未能实现批量生产。1924 年，上海益丰搪瓷厂购买了即将倒闭的上海工商珐琅株式会社的机器设备，于 1925 年春开始制造 30 cm 和 34 cm 的平边面盆，成为我国最早批量生产面盆的搪瓷厂。为了纪念五卅运动，上海益丰搪瓷厂推出了一款白面盆，盆底喷印"毋忘五卅"，盆边喷有"一片冰心盟白水，满腔热血矢丹忱"的爱国诗句，产品行销全国，有的侨胞将面盆挂在厅堂当作装饰品，以示自己的爱国之心。同年，上海益丰搪瓷厂还推出了卷边面盆，并喷上各种花样。1926年，在美国费城世界博览会上，上海益丰搪瓷厂的金钱牌面盆获得珐琅器类金奖。继上海益丰搪瓷厂之后，上海铸丰、中华等搪瓷厂也购置了机器设备用于制造面盆，并在造型和花色方面有所创新。1927年，中华搪瓷厂推出了34 cm标准面盆和36 cm深型面盆，图案花样有青花和彩花等。同年，上海益丰搪瓷厂研制成功贴花面盆。因为国产面盆获得了民众的喜爱，所以1928年进口面盆比往年减少90％。上海华丰、上海久新等搪瓷厂的崛起进一步推动了行业发展：上海华丰搪瓷厂推出的翻口面盆在上市后吸引了同行的目光；上海久新搪瓷厂于1934年推出了36 cm新颖面盆，取名为"得胜面盆"，并设计了多版喷饰的"四季花"系列花样，在上市后轰动了全行业，成为当时全国各搪瓷厂争相模仿的重点产品。

中华人民共和国成立后，面盆作为日常生活的必需品得到了重点发展。1951年，为了满足农村市场的需求，上海搪瓷行业生产了大量的素色面盆和单搪的经济面盆。1962年后，面盆产品的出口取得了新进展，深型面盆进入瑞典市场。1963年，上海面盆产品的出口量占全国同行业的77％。1965年，在全国搪瓷面盆产品市场饱和的情况下，上海搪瓷行业先后停止了平边、标准、翻口、卷边、经济面盆的生产，推出了36 cm乙型得胜面盆。义生搪瓷厂和锦隆搪瓷厂分别推出了凤凰牌凸花面盆和金龙牌有脚面盆，成为面盆类产品中的畅销品种。1966年至1968年，面盆产量下降50％，1969年后产量恢复增长，1977年的产量为1966年的2.46倍。

1979年，搪瓷面盆在全国出现了滞销的情况，上海搪瓷行业通过提高质量和发展花色增强了产品的竞争力，推出了一系列图案精美、细腻、逼真，色彩流行和金线点缀的面盆，在逆境中实现了产量突破1 000万只。1984年，产量达到1 097万只，创历史最高纪录。随着新品类、中高档产品的不断开发以及市场需求的不断变化，1985年后，旧式面盆在产品结构调整中被逐渐淘汰，搪瓷厂相继停止生产旧式面盆。

20 世纪 70 年代至 80 年代，搪瓷制品在百姓生活中是不可或缺的，脸盆、口杯、茶缸、盘子、碗，甚至尿壶，都是搪瓷做的。洁白的茶缸上印着会议纪念和宣传标语，脸盆里印着腊梅、牡丹，盘子里印着花丛、鲜红的囍字。搪瓷制品的结实耐用和美观卫生让人们对它们爱不释手。当时有一句流行语"瓷盆瓷盘瓷口缸，结婚送礼面子光"，可见搪瓷制品在人们心目中占有多么重要的地位。

搪瓷翻口面盆是一种比较结实耐用的产品，因为盆边比较宽而且是翻边的，所以得名"翻口面盆"。从立面上来看，翻口面盆的形状类似于鼓，或者说类似于柿子，这种造型可以增加面盘的盛水量，所以有时还必须视面盆材料的情况在腰部设计一道环形箍，这样设计的目的是增强面盆的强度。除了城市之外，翻口面盆适用的地方更多是在边疆和农村。20 世纪 50 年代初，上海顺风搪瓷厂生产的 40 cm 顺风牌搪瓷翻口面盆的底部还设计了凸出的造型，这同样是出于增强其强度的考虑。在装饰方面，产品采用了"奶黄双花"的方式，即里外首先都喷上奶黄色，然后里外都进行彩色花样装饰。产品的盆底画面体现的是上海黄浦江的景色：江水的波浪特别具有形式感；以外滩万国建筑群为背景，突出了天空中的飞机和江面上的轮船；天空的表现具有超现实主义风格，加上两道探照灯光，使上半部的蓝天和白云似白昼，下半部的金黄色似夜晚华灯初上。产品里面的周围装饰的是以飞机、天空为要素的单色二方连续纹样，这种设计恰好契合了手工喷绘的特点。产品外面的周围装饰的是"朝阳格"纹样，即一种方格形的二方连续纹样，十分朴素。纹样的紫色与产品

图 2-2　顺风牌搪瓷翻口面盆的里面装饰

图 2-3　顺风牌搪瓷翻口面盆的外面装饰

图 2-4 "白底双花"的搪瓷翻口面盆　　　　　图 2-5 顺风牌搪瓷茶盘

的奶黄色形成了对比，使产品与众不同。

　　以 20 世纪 50 年代长江航运客轮为题材设计的搪瓷翻口面盆是一种"白底双花"
的产品，即在白色的底面上用彩色的纹样喷绘。虽然成本较"奶黄双花"的产品要低，
但是设计师以蓝色和绿色来表现"江天一色"的景象也是十分恰当的。产品盆底围
绕着轮船的图形带有"徽章"的韵味，增加了产品的美观度，其向外逐渐淡化的设
计也符合喷绘的工艺，而产品的外面仅以蓝色装饰。从造型角度来看，该产品的立
面与顺风牌搪瓷翻口面盆不同，其口大底小，水容量少，因此主要适合在城市使用。

　　20 世纪 50 年代，著名国画家黄幻吾也曾参加搪瓷设计工作。1959 年，上海中
国画院唐云等画家也进工厂为搪瓷制品绘制花样。设计师根据艺术家们绘制的国画
稿进行制版、喷绘，使面盆乃至保温瓶上都开始出现了国画的身影。

　　标准面盆是在"得胜面盆"的基础上发展出来的一种新产品，盆边略微窄一些，
盆底略微小一些。起初这种面盆的叫法并不统一，有的叫"新花盆"，有的叫"美术盆"，
还有的叫"时代盆"。在造型方面，大致相同，但略有出入。1956 年，统一了造型，
称为"标准面盆"。这种产品没有卷边，盆底没有凸出的设计，外面也没有喷花装饰，

图 2-6　如意牌标准面盆　　　　　　　　图 2-7　九星牌标准面盆

总之，一切都是为了降低成本。即使是在市场有限的时代，搪瓷面盆的生命周期也是非常短暂的，需要依靠不断翻新装饰设计来吸引大家购买，因此画面设计是一种持续性的工作，设计方案在经过审查以后可以投入生产，而所有的设计方案都要经由工人的喷花操作来完成。

在采用丝网印刷工艺之后，搪瓷面盆的装饰画面变得越来越复杂，效果也越来越趋向于绘画。20 世纪 80 年代，一批从专业艺术院校毕业、受过良好艺术训练的设计师进入工厂，带来了不同于"老师傅"的设计理念。虽然在今天看来似乎没有什

图 2-8　设计师的设计手稿　　　　　　图 2-9　表现搪瓷工厂喷花场景的宣传画

图 2-10　金钱牌搪瓷面盆之一　　　　　　　图 2-11　金钱牌搪瓷面盆之二

么创新之处，在某种程度上还是与工业设计的理念背道而驰，但是在当时的情况下，对于增加产品销量，特别是对于出口创汇的发展具有特别重要的推动作用。这个行业的设计师在从事了若干年的设计工作之后，成为国画艺术家的也不在少数。

无盖的口杯是在我国搪瓷行业中最早出现的产品，因为国外输入少、制作简单，所以成为各搪瓷厂的主要品种。1925 年之前的口杯为手工敲制的普通杯，也称"接口杯"，规格只有 9 cm 一种，均为素色。1925 年之后的口杯发展为机器轧制的机制杯，有规格从 6 cm 至 12 cm 的口杯系列，还有规格从 8 cm 至 12 cm 的盖杯系列，色彩为内白外彩。1929 年，上海华丰搪瓷厂生产了规格从 8 cm 至 10 cm 的牛奶杯系列。在 20 世纪 30 年代初，杯子的色彩发展为对质量要求更高的全白色及花色。

20 世纪 50 年代初至 70 年代末，杯子作为日常生活的必需品成为重点发展的品种。1950 年，上海锦隆搪瓷厂生产了物美价廉的机制人民杯，取代了原来的普通杯。因为农村市场的扩大以及承制大批送给抗美援朝志愿军的慰问杯，1952 年，该厂杯子产量首次突破 1 000 万只。1954 年，杯子产量达 1 600 万只，其中外销 18.8 万只，供应外省市的占总产量的 83.43%。当年还推出了圆底杯、高型杯、锥形杯等新品种。1958 年，随着生产技术及设备的改进，杯子质量一等品率比 1957 年提高 24.29%。

图 2-12　口杯系列产品　　　　　　　　　　　图 2-13　牛奶杯

1959 年，杯子质量一等品率从 1958 年的 74.12% 上升到 87.75%。1962 年，杯子出口量占总产量的 67%。1963 年，杯子出口量占全国同行业的 81%。

1979 年，全国市场出现搪瓷杯子滞销的情况，上海搪瓷行业通过提高质量和发展品种增强了自身的竞争能力。当年有 5 家搪瓷厂生产了由华丰搪瓷厂研制的仿瓷杯，该产品因美观大方、具有艺术及欣赏价值而享誉全国。此外，各搪瓷厂还推出了网眼花杯、鼓形杯、碟杯等品种，提高了盖杯和花色杯的生产比重，因此在全国杯子产量大幅度降低的情况下，上海搪瓷行业的杯子年产量仍保持在 1 000 万只的水平。1989 年，随着产品结构的不断调整，作为传统低档产品的杯子大幅度减产，生产厂家从 7 家减为 2 家。1990 年，杯子年产量为 598 万只，其中出口 216 万只。

搪瓷烧锅是一种高级日用烧器，具有吸热性好、保温性强、造型美观、耐腐蚀、烧煮时能保持食物的色香味、无化学反应等特点。

上海益丰搪瓷厂是我国率先生产搪瓷烧锅的工厂。1974 年，该厂研制成功 18 cm 直型烧锅。1975 年，18 cm、20 cm、22 cm 三种规格的系列产品投入批量生产，当年产量为 3 400 只。1976 年，产品首次进入西欧市场。后因生产技术落后，影响了品种及产量的发展，1978 年的产量仅为 3.94 万只。1979 年，生产技术实现了突破，烧锅迅速发展成为搪瓷制品中的重要品种。上海华丰搪瓷厂在成功研制柿形烧锅系列和煎盘之后，首创烧锅贴花新工艺，成为专业生产搪瓷烧锅的工厂。上海搪瓷二厂、上海搪瓷三厂、上海锦隆搪瓷厂、上海久新搪瓷厂先后开始生产烧锅，形成了规模生产，烧锅产量大幅度提升。1980 年，年产量由 1979 年的 19.7 万只增加到 104.49 万只。到 1985 年，上海搪瓷行业的烧锅产量以平均每年 36.8％的速度增长，当年产量占全国同行业的 80％以上。同时，烧锅的品种及规格迅速发展：规格有 14 ～ 26 cm 七种；造型有柿形、钟形、直型、胖型、深型、浅型、简易型以及适销美国市场的平底型等；配件形式有单柄、双耳、搪瓷柄、胶木柄等；花色有全白、彩色、喷花、贴花等。烧锅产品的出口量也逐年递增。1979 年，上海华丰搪瓷厂向西非、英国等出口 5 万套。1982 年，阿尔及利亚订购该厂贴花柿形烧锅 120 万套。1983 年，上海搪瓷行业出口烧锅 375.5 万只。1984 年，上海华丰搪瓷厂的柿形烧锅首次批量进入美国市场。1985 年，美国商人订购量超过 200 万只。在这一时期，全国搪瓷产品的设计、制造都有了很大的发展，产品品种不断扩充，其中咖喱锅也是重要品种之一，需要不断翻新装饰设计。

从 20 世纪 80 年代中国各地轻工业进出口公司的搪瓷产品出口样本来看，多格

图 2-14　扬州搪瓷厂出口的搪瓷烧锅、咖喱锅

图 2-15　多格搪瓷食篮

图 2-16　单个搪瓷食篮

食篮也是一种重要的出口产品。多格食篮是根据中国传统的盛放饭菜的篾制提篮样式而制作的一种产品，叠加的碗状容器可以将饭、菜分别存放，防止串味。另外用一个铁架将所有容器固定起来，上面设有一个木把手，可供提拎，将铁架翻转90°后可以逐个取出容器。多格食篮由搪瓷材料制作，清洁起来十分方便，在当时，许多小型工厂没有食堂，工厂职工就是使用这样的产品自己携带午饭去上班的。

　　茶壶、水壶、痰盂也是搪瓷产品中的一大类产品。茶壶可以用来煮茶，与煤油炉组合使用是当时彰显生活品质的一种象征，享受的是小火慢煮的情调，主要功能是保持水温，而统一的颜色使产品更显低调。普通水壶可以用来迅速将水加温、煮沸，在设计时需要考虑使用者的需求，特别是手柄部分，而且壶体上的装饰也必不可少，力求简洁大方。痰盂对于中国人而言是一种比较特殊的产品，不同地区的人使用的方法也各有差异。除了满足使用者切实的需求之外，在很长一段时间里，它还被赋

图 2-17　茶壶与煤油炉组合使用

图 2-18　普通水壶

予了一种特殊的使命：结婚时是家庭必备的物品，所以可以作为礼品送给一对新人。痰盂的装饰设计往往是与面盆配套的，即与面盆的装饰风格相一致，或者是将面盆的装饰画面简化后应用到痰盂上。设计师周爱华曾经说过："设计师之间经常会有一种默契，在互相交流工作情况的时候重点讨论的就是这个话题，有的时候甚至可以与保温瓶的装饰画面相配套。这样老百姓在商店采购的时候就特别愿意一起购买，

图 2-19　龙凤图案的痰盂

既提高了销量，也能够使家庭中的产品具有系列感。"

　　1913 年，上海益丰搪瓷厂投资 4 万银元向德国商人购买了一座德式窑炉，并聘请德国技师，生产了我国第一批 4.5 英尺和 5 英尺规格的铸铁搪瓷浴缸，但因产品出现裂纹，未能实现批量生产。20 世纪 50 年代，随着国内经济形势好转，为了满足市场需求，上海益丰搪瓷厂恢复生产铸铁搪瓷浴缸。1956 年 9 月，工厂研制成功金钱牌白色铸铁搪瓷浴缸。1957 年，经过投资改造，工厂形成了批量生产能力，当年产品规格发展至 3 种。1961 年，工厂研制成功国内首创的 6.5 英尺大型包边浴缸，主要供宾馆和部队使用。

　　1979 年，浴缸产品开始走入普通百姓家，因为市场需求激增，所以上海搪瓷行业在生产规模、品种、花色、质量等方面都有所突破。为了满足市场需求，上海益丰搪瓷厂于 1980 年初在嘉定封浜建立专业生产铸铁搪瓷浴缸的联营厂，研制生产了裙板式大型浴缸、超低型浴缸、内坐式浴缸、左右式浴缸、小型大众化浴缸等新品。1984 年之后，1 200 cm 规格的钢板搪瓷浴缸、1 500 cm 规格的钢板搪瓷浴缸相继问世，产品颜色由白色发展到橘红色、杏色、奶黄色、湖蓝色等 16 种。彩色框式裙板、彩色扶手、彩色搁手、彩色豪华型旋涡按摩浴缸等中高档铸铁搪瓷浴缸新品种被逐步推向市场，形成了普及型和中高档型两大类产品系列。

　　上海久新搪瓷厂研制生产了厨房搪瓷用具柜、操作台，产品商标为春星牌。1983 年，工厂根据发达国家搪瓷工业的发展进程以及为国内住宅建设配套的需要，开始研制由片状搪瓷平板组成的厨房用具，生产出单片框架式操作台、吊柜两件套，当年产量达 100 套。1985 年，工厂参照日本厨房搪瓷用具，改框架式结构为组装式结构，当年产量达 1 000 套。1987 年，工厂相继研制生产了不锈钢台面的调料台、洗刷台和玻璃门的储藏柜，组成五件套，产品以独特的优势赢得了消费者的欢迎。为了形成规模生产，工厂从日本引进了机械喷涂设备和自制多功能窑炉，提高了生产能力和产品质量，实现了为国内住宅建设配套的目标。

　　20 世纪 80 年代中期，随着市场需求的变化，传统搪瓷产品逐渐被塑料制品取代。同时，随着人民生活水平的提高，老式产品被逐步淘汰，搪瓷产品的设计与制造开始朝两个方向发展。其一，根据现实需求设计生产了比较大型的平盘，主要是为了满足企业和学校食堂的需要，其中直径为 70 cm 的不锈钢包边大平盘特别受欢迎。此外还设计生产了具有特种功能（万能、防水、防爆等）的灯罩。其二，设计生产了家用电器搪瓷产品，远红外辐射搪瓷型烧结涂层的研制成功为发展国内远红外技术开辟了新的途径。1985 年，上海搪瓷三厂研制生产了顺风牌搪瓷电热叫壶，规格为 18 cm 和 20 cm，具有款式新颖、热效率高、水煮沸时会鸣叫等特点，受到消费者的欢迎。同年，上海锦隆搪瓷厂根据市场需求，研制生产了海狮牌搪瓷电热锅，结构采取锅身和电热器两体分离式，并饰以各种颜色，该产品为国内首创。之后工厂还对搪瓷电热锅进行了改进，增大功率，增设调节控温器，延长了产品的使用寿命，提高了产品的档次。上海久新搪瓷厂也于 1985 年研制生产了容量为 10 L 的春星牌电加热保暖桶，采用搪瓷内胆、封闭式浸入电加热管、象鼻式出水龙头、自控调节电器。家用电器搪瓷产品将搪瓷制品的特点与家用电器相结合，成为上海搪瓷行业的一种新兴产品门类。

图 2-20　如意牌大平盘

第三节　工艺技术

　　1949 年之前，上海各私营搪瓷厂的生产以手工操作为主，"下料用剪子，磨粉用碾子，酸洗木槽子，搪烧土炉子"描绘了当时搪瓷行业生产的状况。中华人民共和国成立之后，为了改变落后的生产方式、促进生产工艺技术的进步，上海搪瓷行业做出了艰苦的努力。1958 年 4 月，国内第一座搪瓷自动窑在上海诞生，这标志着上海搪瓷行业落后的生产方式开始改变。随着生产联动线和流水线的建立，制坯工序首先实现了机械化生产，工艺大为简化。20 世纪 80 年代，一系列新门类、新用途、中高档产品的研制开发，以及对国外先进设备和技术的引进与消化，进一步促进了搪瓷行业生产工艺和技术的发展，但搪瓷行业仍属劳动密集型行业，主要的生产工序有制坯、酸洗、脱脂、搪烧、喷花等。

　　1916 年至 1924 年，上海搪瓷行业的制坯工序都以手工敲制为主，因此产品规格少、产量小、质量低，产品造型多数是摊边或直边的圆桶形。大部分不具备制坯设备的工厂向日商购买铁坯，即使具备制坯设备的工厂，其冲床、轧床也相当简陋。1925 年之后，益丰、铸丰、中华等搪瓷厂相继购置机器设备轧制面盆、痰盂等产品，因此出现了曲线形状的品种。1929 年，上海益丰搪瓷厂从德国、日本引进全套制坯设备，其制坯技术在当时的搪瓷行业里首屈一指，但大多数小工厂仍以手工制作为主。1955 年，全行业实行公私合营后，上海搪瓷行业推广剪卷合一操作法、口杯一次压成法等先进生产技术。1959 年 9 月，上海顺风搪瓷厂率先建成杯子制坯自动流水线，将口杯二次轧制改为一次加工完成，并将切片、卷边、焊接等分散工序连接成线。之后，各厂也相继建立了杯子、面盆、洗手碗、有脚碗、饭碟等产品的制坯生产联动线和流水线，简化了工艺，使工厂的机械化程度和生产率大幅度提高。1963 年至 1968 年，各厂分别研制成功痰盂自动制坯流水线、茶桶制坯流水线、壶类制坯流水线等。1973 年，上海搪瓷二厂研制成功面盆无皱撑光轧坯工艺，建成生产流水线后，减少劳动力三分之二。

20 世纪 80 年代，各厂对制坯流水线及生产工艺、技术进行了不断的完善和改进。面盆制坯采用无皱轧坯，省去了研光工序，进一步简化了工艺，提高了产品质量，减小了生产场地。烧锅产品的切边技术改进为冲压切边，并且冲压、研光、收口、焊接配件等工序实现了流水线作业，符合大批量生产的需求。

1916 年以来，上海搪瓷行业在处理铁坯油污及铁锈方面，长期采用在窑炉中烧去油污、用稀酸除去铁锈的方法，工人戴着橡皮手套，用手在酸洗池、清水池、中和碱水池中将铁坯放进、捞出。这种方法劳动强度大，散发在空气中的有害气体严重影响工人的身体健康，并且耗能大，产品质量低、产量小。1958 年之后，酸洗脱脂的生产工艺和技术出现了变化，自动烧油炉和烘床革新成功，在提高产量的同时降低了劳动强度。1965 年，上海搪瓷行业全部采用化学酸洗脱脂和电动行车吊运操作，提高了生产率，从三班制改为二班制生产，铁坯瘪膛率从 20% 下降到 2%。

1977 年之后，酸洗脱脂工序开始向流水线和自动化发展。上海搪瓷二厂建立了面盆酸洗脱脂生产线，并与上、下道工序相连形成同步。1990 年，上海华丰搪瓷厂建成了国内首创的电脑控制、封闭式全自动酸洗脱脂流水线，首尾与上、下道工序相连，并安装先进的酸碱废水处理设备，强化了搪瓷铁坯的表面处理能力。

在搪瓷行业创建初期，各厂均无自制搪瓷瓷釉的能力，所需瓷釉要向日商制釉厂购买。1924 年，活跃在上海的商人开办了第一家专门制作琅粉的大钧琅粉厂，打破了日商垄断中国搪瓷瓷釉的局面。此后，上海的益丰、铸丰、中华、华丰搪瓷厂相继添置制釉设备（混料机、熔炉、球磨机、泥浆泵），自制搪瓷瓷釉，逐步形成具有制坯、制釉、搪瓷、饰花生产能力的全能搪瓷厂。1964 年，专业生产搪瓷瓷釉的上海晶成搪瓷瓷釉厂建设完成。同年 9 月建成全国搪瓷行业第一座熔制瓷釉的池炉，当年瓷釉产量达 1 986 吨。1966 年，上海晶成搪瓷瓷釉厂更名为上海搪瓷瓷釉厂，并统一了各厂瓷釉的原配方和品种名称，研制出一系列高质量的新品种，开发了新用途的瓷釉，并以瓷釉的熔块供应业内外各厂所需的各类瓷釉。

搪瓷行业的搪烧工序起初以手工为主，在高温下操作，生产全凭工人的经验及熟练程度完成。上海搪瓷行业率先改变了手工涂搪和烧成技术。在涂搪方面，先后研制成功自动烘床，光电控制的自动揩边机，适合杯类、壶类、碗类、锅类等产品的传动式海绵揩边机，以及部分工厂为单一品种而研制的自动滚边打印机、洒花机、双头汤盆电光控制揩边机、汤盆自动滚边打印机等，使涂搪辅助环节的工艺技术有了发展。在烧成方面，相继出现了改单人为双人的叉烧、在炉门前放置一块耐火砖作为钢叉支点的搁叉烧以及利用杠杆原理的吊烧。烧成辅助环节的生产也出现了变化：用传送带输送烧成后的产品并使之逐步冷却，取代了原来手工用鸭嘴钳钳取烧得通红的产品；用脚踏压塔和气动压塔对较大规格产品烧成后进行整形，取代了原来用手工甩铁板整形；等等。一系列项目的革新成功及推广应用，大大降低了工人的劳动强度，提高了生产率。但是因为品种结构、机械技术、生产场地等受限，手工涂搪和手工叉烧产品的状况未能得到完全改变。

1956 年，上海搪瓷行业推广华丰搪瓷厂砌炉工秦唐生研制的"秦唐生砌炉法"，各厂对窑炉结构进行了改进，使炉龄延长 6 个月以上。1958 年，上海华丰搪瓷厂经过 3 次试验创制了全国搪瓷行业第一座搪瓷自动窑，提高产量 2.6 倍。此后，各厂相继制造了吊式上传动、吊式下传动、圆形下传动、向阳式、摩擦式下传动、圆形底传动等各式自动窑。其中，上海顺风搪瓷厂的圆形下传动自动窑被轻工业部定型为"顺风式窑炉"在全国推广。20 世纪 60 年代至 80 年代中期，搪瓷行业自动窑的造型、结构、燃料等取得了新的发展，例如，上海义生搪瓷厂首创了国内第一座以电为能源的电热马蹄形连续式自动窑，上海华丰搪瓷厂建成了燃煤的马蹄形自动窑，上海久新搪瓷厂建成了带立式烘干室的马蹄形自动窑，上海搪瓷五厂建成了国内首创的燃油马蹄形自动窑，上海华丰搪瓷厂建成了带立式烘干室的燃油隧道式自动窑，上海锦隆搪瓷厂建成了带桥式烘干室的马蹄形自动窑等。至 1980 年，除上海久新搪瓷厂保留一座土窑外，各厂其他窑炉均改为马蹄形或隧道式自动窑，结束了手工推烧的历史。

1986 年至 1990 年，上海华丰搪瓷厂、上海久新搪瓷厂和上海益丰搪瓷厂先后引进了国外先进技术和设备，使烧锅和大面积搪瓷平板的涂搪率先实现了自动化。

20 世纪 70 年代，上海搪瓷行业开始生产不锈钢制品。1972 年，首都北京饭店改建时，上海搪瓷五厂、上海锦隆搪瓷厂、上海久新搪瓷厂、上海华丰搪瓷厂承接了国产不锈钢用具的生产任务，品种有圆底桶、托盘、方盘、面盆、水勺、漏勺、蒸格等。此后，上海搪瓷五厂的不锈钢制品逐步销售到北京各大宾馆、饭店。1978 年，该厂生产的 555 牌不锈钢菊花锅首次出口国外，外销产品品牌为 FFF。同年 3 月，上海玻璃瓶十二厂利用本厂设备和搪瓷行业的轧制设备转产不锈钢制品，生产出口的无盖煎盘、双耳锅系列。1979 年，该厂更名为上海不锈钢器皿厂，成为国内第一家专业生产不锈钢器皿的工厂。随着经济发展，市场需求日益增加，搪瓷行业具备了不锈钢制品的生产能力。

1981 年，上海搪瓷五厂为上海瑞金医院首次生产不锈钢小便壶、油膏罐、泡手桶、服药杯、消毒盘、方盘等医用器具，次年又开发脓盆、药液桶、X 射线桶等品种，1984 年研制成功生产技术难度较高的大便斗。上海不锈钢器皿厂在 1984 年开发生产为高级宾馆、饭店配套的不锈钢保温柜、组合调理台、配菜台、保温层架、水斗台、

图 2-21　FFF 牌不锈钢酒具

洗手台、煤气灶台、工作台、吊柜、调料车、餐车等厨房设备。在此期间，上海不锈钢器皿厂和上海搪瓷五厂根据国内外市场的需求，相继开发生产了美式锅系列、喷气锅、长柄锅系列、汤盆系列、沙士杯、高脚酒杯、冰杯、配菜盆、沙司锅等20多个不锈钢日用器皿新品种。

1985年起，上海不锈钢制品的生产规模、品种、档次、出口等均取得新发展。上海不锈钢器皿厂和上海搪瓷五厂先后从意大利、法国引进不锈钢底覆铝生产技术和设备，形成了中高档的单复底锅、双复底锅、煎盘、三明治锅等产品的生产能力，使产品性能更趋完善，由第一代发展至第二代，产品出口也扩大至美国、日本等60多个国家和地区。上海搪瓷五厂形成了17个品种的不锈钢医用器具的生产能力，并率先研制成功不锈钢电热锅、不锈钢调温式电热锅，成为市场畅销产品。1986年和1987年，上海久新搪瓷厂、上海搪瓷三厂开发生产了不锈钢秤盘、面盆、冰夹、汤锅、盖杯、大面盆、饭碟、脱卸式多用电热杯和国内首创的不锈钢叫壶。上海不锈钢器皿厂于1988年在江苏建立生产不锈钢口杯、炒菜锅系列的联营厂。1985年至1988年，上海搪瓷行业不锈钢产量保持在1 476～1 621吨。1990年，产品发展为日用器皿、医用器具、厨房设备和家用电器四大类400多个品种规格，成为具有竞争能力、扩大出口创汇的新兴产品门类和重点发展的品种。

第四节　产品记忆

搪瓷制品最早诞生于19世纪中叶的欧洲，之后德国生产的日用搪瓷制品进入我国。1921年9月，苏州人董吉甫与董希英看到搪瓷制品在国内市场的销路越来越广，于是合伙收购了开设在闸北裕通路的广达搪瓷厂，并更名为益丰搪瓷厂。工厂生产的搪瓷产品的商标是金钱牌。金钱象征着富贵发财、生意兴隆。商标的整体图形是一枚方孔古钱，上、下两字是工厂名称"益丰"，左、右两边分别使用了八卦图形，一组为八卦图形中的"震"和"离"，另一组为八卦图形中的"巽"和"震"。两组八卦图形寓意益丰搪瓷厂兴旺发达、一帆风顺，生产蒸蒸日上，工人们团结一致，搪瓷产品可以声名远扬。这是中国第一家民族资本创办的搪瓷制品生产工厂，但是因为不具备自制搪瓷瓷釉的能力，所以需要向日商的制釉厂购买瓷釉，直到1924年大钧琅粉厂开办，才打破了日商垄断中国搪瓷瓷釉的局面。五卅运动时，盆底喷印四个红色大字"毋忘五卅"的白色面盆一经推向市场，马上获得消费者的认可，产品供不应求。

20世纪50年代，搪瓷行业从恢复走向发展。张雪父、钱震之设计的几何图案丰富了产品花式，这种风靡一时的几何图案明显有别于之前的绘画风格，在迎合当时人们西化的审美观的同时融合了装饰艺术的韵味。1954年7月1日公私合营后，上海益丰搪瓷厂定名为上海公私合营益丰搪瓷股份有限公司。1966年7月，更名为上海搪瓷一厂。

上海久新珐琅厂创建于1931年10月3日，因由9个工商业者集资组建，故取谐音为"久新"，产品商标为九星牌。1934年，首创36 cm得胜面盆。1966年，更名为上海搪瓷六厂。该厂生产的日用搪瓷制品有10个大类150多个花色品种，规格从6 cm至70 cm，其中有独家生产的60～70 cm大面盆、机制搪瓷内胆保温桶等。20世纪80年代，该厂的生产范围由日用搪瓷制品扩大到搪瓷电器、不锈钢器皿、搪瓷厨房用具、建筑搪瓷平板等，成为日用搪瓷制品的出口大户，年出口量占生产量的三分之二以上，年创汇400万美元，产品外销83个国家和地区。

1973年11月29日，谢党伟进入上海搪瓷六厂技术学校学习搪瓷专业知识，半工半读，学习机会得之不易。1975年12月29日，谢党伟毕业后被分配到喷花车间（有的工厂称为艺术车间）工作，跟着师傅学习喷花技术，师傅喷主要的花朵，他喷次要的绿叶。谢党伟每天很早到车间，提前一个小时做好准备工作。因为在校学习期间就曾经到喷花车间劳动，所以工作了3个月之后，谢党伟想要力争喷主要的花朵。他趁师傅休息、吃饭、方便的时候，到师傅的岗位上研究、琢磨，有时候还拿起师傅的喷枪进行喷花，向车间领导请求担任主要岗位。1976年12月，车间领导同意了他的请求。谢党伟专心研究提升产量的方法，不做无用功，不开空枪。此外，他还专心研究怎样提高艺术感，研究色彩、层次，他认为一朵牡丹花、一条鲤鱼、一个景点就是要有个性、要有层次、要有鲜活的感觉，设计师能够将它们展示在图稿上，车间就更应该将它们喷好在每一个产品上。经过一段时间的努力，谢党伟的喷花技术有了很大的提升，不仅产量高，而且质量好。工厂组织技术比武，他获得第二名，奖品是一个搪瓷杯子，他送给了外婆，厂部质量检验科还将他喷花的不同样品进行了展示。1978 年，上海市轻工业局组织大比武，他获得第一名。上海市轻工业局专门将他的事迹、操作方法、获奖作品放在武进路的一条长廊里展示。那时他突然感到搪瓷制品不仅是很好的日用品，而且是很好的艺术品。

2002 年，上海进行产业结构调整，工厂最后不得不根据上级的安排于当年 9 月 21 日关闭。谢党伟哭着在窑炉边送走最后一个集装箱。他带着 10 多个技术人员到南汇中港开办搪瓷厂。虽然宝钢的钢板价格大幅度上升导致生产成本上升，但他还是坚持工艺标准，不减薄规格。后来，由于搪瓷生产的环保问题以及各种企业管理问题，他决定关闭工厂，开始收集各种搪瓷产品。他在房地产开发企业工作了 10 多年，每次项目开发完成后，就开办搪瓷产品展览。谢党伟觉得搪瓷制品是伴随人民生活的忠实伴侣，是无铅无镉、耐酸耐碱、清洁卫生的产品。对于搪瓷产品，欧美、日韩市场仍有大量需求，只是产品要精、造型要美、花色要时尚，这几点我们没有做好。他的儿子曾留学欧洲，深知国外消费者需要的造型、花色。他们做设计、做产品，力求精益求精，让人们分享到搪瓷产品的精美和便捷。

在政府和中国搪瓷工业协会的支持下，谢党伟在上海嘉定区投资建立了一个搪瓷博物馆，将我们的民族工业展示出来，告诉大家：我们国家有工业设计，我们国家有百年搪瓷，我们的搪瓷产品有画家的参与，我们的搪瓷产品将再次进入百姓的厨房，被摆上餐桌、茶桌。

儿子留学意大利回国后，在上海工艺美术职业学院任教。2015 年，儿子提出要学习搪瓷工艺，父子俩讨论了搪瓷行业的前景，也谈到了搪瓷行业面临的问题。之后，父子俩统一了思想，"再做搪瓷产品的话，坚决不做老面孔、老花样、有瑕疵的产品，要做精品、做限量版产品、做有设计感的产品，满足社会时尚人士的精神生活的需求，满足追求生活质量的百姓的需求，满足有怀旧情结的百姓的需求"。

父子俩认为：第一要坚持文化创新，既然搪瓷产品在欧美、日韩等国仍然受到消费者的欢迎，搪瓷产品被国外称为一流产品，我们国家这么多年有那么多家庭拥有和使用，我们的百姓对搪瓷产品这么有情怀，我们就没有理由放弃，没有理由做烂，没有理由不重视。我们要夯实产品基础，不断推出客户喜欢的造型和花色，满足客户对搪瓷产品的需求。第二要有爱人之心，爱老人，爱儿童，爱人民。要做事，先做人。产品一定要有安全性，有瑕疵的产品，如边口的快口、底部的不平整、花色的不完美，要坚决放弃。在设计上，一定要再三考虑，精益求精，将产品做完美。第三要千方百计培育客户关系，客户是我们的衣食父母，他们的要求就是我们的追求，他们的想法激励我们改进。做产品就是要听取客户的意见，这样才能进步，才能发展，才能提升。第四要有持久的意志力，搪瓷产品本身固有的特点就是能够为大家带来清洁卫生的器皿，带来分享、欣赏造型及花色的美感。我们恪守信用、努力宣传搪瓷的优点，一定会有市场，一定会有客户。第五，年轻人需要充分认识到创业的艰难，不然就不叫创业。领头人不要喊艰苦，不然就不要做领头人。团队成员应该兢兢业业，充分发挥聪明才智，设计出更加精美的搪瓷产品奉献给人民，生产出更加符合百姓需求的搪瓷艺术精品。

第三章　保温瓶

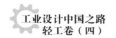
第一节　历史背景

保温瓶是在 1911 年从德国输入中国的。之后，美国、日本等国的产品相继进入中国市场。上海中英药房是最早经营外货保温瓶的，但是因为售价昂贵，一般市民很少问津。第一次世界大战爆发后，在上海的公共租界内，日商凭借特权，利用中国廉价劳动力办厂，逐步侵占中国市场。

1925 年，在抵制洋货运动中，上海协新国货玻璃厂于 9 月 16 日生产出第一只国产麒麟牌保温瓶。1926 年 9 月 13 日，光明电器热水瓶厂生产出热心牌保温瓶。1927 年前后，在上海新开办了汉昌、三星等热水瓶厂，但是瓶胆制造技术一直被日籍技师垄断。我国工人在生产过程中刻苦钻研，终于掌握了制造瓶胆的主要工艺技术，逐步取代了日籍技师。1932 年，抵制日货的爱国运动再次高涨，日商开设的保温瓶厂除中南瓶胆厂外全部倒闭。此时，保温瓶已成为大众商品，市场需求巨大，销量急剧上升，因此民族资本家纷纷投资办厂，保温瓶厂超过 40 家，这一时期成为我国民族保温瓶工业发展的重要阶段。之后不久，由于生产厂家过多，商品过剩，出现了跌价竞争，迫使 10 多家工厂停业。为了避免同业相互倾轧，19 家工厂联合订立协议，统一最低价格，限制各厂产量，设立共同贩卖所，因此国内市场暂告稳定，保温瓶行业逐渐恢复，并新增 15 家工厂。

抗日战争爆发后，保温瓶行业在战争中损失惨重，大部分厂房、设备被炸毁，工厂几乎全部停产。民族资本家不甘心多年心血毁于一旦，通过筹措资金，另觅厂房，陆续恢复生产。太平洋战争爆发后，内、外市场联系中断，材料来源断绝，各厂经营更加困难。为了维持生存，各厂以毛竹编制保温瓶外壳代替金属材料。抗日战争

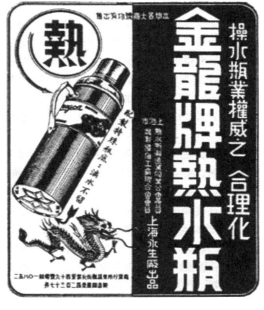

图 3-1　早期金钱牌热水瓶和面盆广告　　图 3-2　早期金龙牌热水瓶广告

胜利后，保温瓶在短期内出现内、外销两旺的势头，各厂纷纷恢复生产。1947 年，上海 16 家工厂每月出口保温瓶 6 万打，金额达 23 亿元法币。1948 年，国民政府发行金圆券，实行限价政策，造成恶性通货膨胀，使保温瓶行业再次遭受打击，各厂的生产难以为继。上海解放前夕，上海保存下来的 55 家保温瓶厂几乎都处于停工状态。

上海解放之后，上海各厂陆续恢复生产。1950 年，因遭到国民党军队的飞机轰炸，有的工厂被迫关闭，变卖设备，遣散人员；有的工厂轮班开工，勉强维持生产。1953 年 3 月，上海保温瓶行业的产量打破了历史纪录，月产量超过百万只。1953 年 7 月，在国家加工订货的基础上，保温瓶产品实行统购包销。1954 年 7 月，金钱热水瓶厂率先被批准实行公私合营。至 1956 年 1 月，全行业 55 家工厂全部实现了公私合营。公私合营后，在专业公司的规划下，按"产品归类、协作归口、地区相近、定点划块"的原则进行调整改组，先后合并 31 家工厂，转产改业 10 家工厂，支援内地建设 10 家工厂。1966 年，经过调整改组的上海保温瓶行业形成了光大、立兴、永生、金钱四家全能生产企业和一家竹壳保温瓶生产企业（由 24 家竹壳工厂合并而

图 3-3　乡村供销社里的保温瓶销售柜台

成）。1966 年 10 月，光大热水瓶厂更名为上海保温瓶一厂，立兴热水瓶厂更名为上海保温瓶二厂，永生热水瓶厂更名为上海保温瓶三厂，金钱热水瓶厂更名为上海保温瓶四厂，竹壳保温瓶厂更名为上海保温瓶五厂。

作为老百姓的生活必需品之一，保温瓶的市场需求量是非常大的。上海产的保温瓶因为质量高、外观装饰设计独特、具有强烈的"喜气"、放在家里好看，所以在很长的一段时间内成为全国各地百货公司的抢手货。在轻工业项目建设过程中，

图 3-4　国营商店在集市上设立的百货摊

图 3-5　北京保温瓶厂的工人们在流水线上工作

上海保温瓶行业的生产技术传播到全国各地，通过设备和人员的支援，迅速提高了各地的制造水平。保温瓶产量的大幅提高，不仅满足了城市居民的需求，也满足了边远地区人们的需求。

　　1979年，上海保温瓶一厂对保温瓶出水结构进行改进，研制成功气压出水保温瓶。由于造型美观、使用方便，一改传统产品几十年的老面孔，该产品上市后受到了消费者的热烈欢迎。气压出水保温瓶开创了我国保温瓶产品升级换代的新局面。1983年，为了解决生产发展面临的厂房拥挤、设备陈旧、技术落后三大问题，上海对保温瓶行业进行整体改造，将上海保温瓶一厂、二厂、三厂、四厂的料坯和瓶胆车间易地搬迁，筹建上海保温瓶瓶胆总厂。该厂建设分三期进行，历时五年全面竣工投产，年产保温瓶瓶胆 2 000 万只左右，成为当时全国保温瓶行业规模最大的瓶胆专业化生产厂。

　　1987年1月，在经济体制改革的推动下，上海保温瓶行业组建了上海保温容器公司。该公司由9个单位组成，上海保温瓶一厂、二厂、三厂、四厂、五厂、瓶胆总厂为核心层，上海保温瓶瓶胆分厂、长城保温瓶配件厂、波达不锈钢制品厂为紧密层。1988年，上海保温容器公司与泰国东协实业有限公司合资建立了上海嘉盛保温容器有限公司。至1990年，产量达1 714万只，创利税3 032.1万元，出口创汇2 400万美元，成为全国最大的保温容器生产集团。

第二节　经典设计

铁壳保温瓶是外壳用马口铁、铝皮、不锈钢材料制成的保温瓶的统称，容量从0.5号至8号，即0.2～3.2 L。我国制造的第一只保温瓶就是铁壳保温瓶，1925年由上海协新国货玻璃厂生产，商标为麒麟牌，容量仅有2号和2.5号两种。其肩盖用铜镀镍，壳身用马口铁制造，加以油漆或烘皱纹漆。1935年，上海立兴热水瓶厂首创3号和5号保温瓶，尤其是5号铁壳保温瓶，由于符合人们喝茶、生活用水习惯的需要，畅销我国及东南亚一带，自问世后长盛不衰。之后，该厂在5号保温瓶上不断创新，使其日臻完善，例如，增加橡皮口圈防止水流入壳内引起生锈，采用底托螺丝代替弹簧支托减少瓶胆破碎等。在装饰方面，起初只有素漆和印铁装饰，颜色单一，商标图案是印刷后粘贴的，因此实际上只有商标图案算得上是产品的装饰。1938年，上海金钱热水瓶厂研制成功搪瓷壳保温瓶，在铁壳上涂上瓷釉，提高了产品的防锈能力。同时，将搪瓷喷花技术移植到保温瓶外壳上，使外壳的花色十分艳丽，喷花铁壳保温瓶的名声不胫而走，风靡全国。1939年，上海兴业热水瓶厂以电光喷漆代替手工油漆，既提升了外壳的美观度，又缩短了制造时间。但这个时期的产品装饰设计主要是在底色上绘制一些简单的画面，题材有花鸟，也有一些城市现代建筑，因为仍然是在马口铁上用油漆装饰，所以整体感觉比较粗糙。与此同时，上海立兴热水瓶厂研制成功晶质料瓶胆，采用硒粉着色，瓶胆呈橘红色，可以防止假冒，也迎合了消费者的审美心理。1946年，上海旦华实业厂研制成功铝壳保温瓶，以铝板代替马口铁，既不生锈，重量又轻，还能轧成条纹，提高耐用度。20世纪40年代末、

图 3-6　装饰了各种图案的铁壳保温瓶

50 年代初，产品装饰设计采用过将图案用画笔直接绘制在外壳上的方式，省去了喷花的制版、剥版、套版等工序，使图案突出，犹如油画一般。20 世纪 70 年代，产品装饰设计的纹样面积不断扩大，装饰要素变得更加丰富，由于硝基漆的使用、画面喷绘工具的改进以及设计师与操作工人水平的提高，图案显得比较细腻，也更加明亮。

　　1980 年之后，不锈钢被用作保温瓶的外壳材料，它耐压、耐磨、耐冲击，不易变形、不沾污垢、易于洗涤，所以适合制造经久耐用的高档保温瓶。在产品装饰方面，设计师可以集中精力构思画面，表现手段也越来越不拘泥于中国画的花卉构图和笔墨表现，更加注重画面上的色块以点、面的形式来应用，加上线条的衬托，使纹样的外轮廓更趋完整，形成了很强的形式感，具有了新写实主义的特点。这个时期从德国、日本进口了许多生产设备，用以提高产品的制造工艺，向阳牌银红 5 号保温瓶就是在这样的条件下设计生产的，其背景的红色加入了银粉，在完成喷花工艺之后，外面再用罩光漆喷涂，使外壳的色彩发亮，在光线的照耀下，红色呈现出更加具有金属质感的反光，有效地提升了产品的品质。

　　红色的保温瓶是结婚时必备的产品，象征吉祥如意，日子过得红红火火。随着时代的发展，传统的红色显得有一些土气，与家庭中其他用具的色彩不相匹配，而经过工艺处理的红色显得十分耀眼，因此也契合了当时人们的消费需求。

　　在细节设计方面，作为品牌标志的向日葵图形和"向阳"二字在产品底部以浮雕的形式出现，同样的设计还出现在保温瓶的顶盖上，呈现了产品的精致度。这个

图 3-7　向阳牌银红 5 号保温瓶

图 3-8　产品底部的向日葵图形和"向阳"二字

设计是经过设计师和技术人员精心推敲的，在操作手册中，专门提示工人要小心操作这道工序，以便确保产品质量。保温瓶在国内以 5 号为代表性产品，但在国外则以 2 号至 4 号为代表性产品，因此出口的向阳牌保温瓶以 2 号至 4 号为主。

　　以黑色为底色的设计是一种大胆的尝试，满足了不同消费喜好的人群的需求。罩光漆工艺的应用使黑色不会显得沉闷，并且与白色的花卉图案形成了强烈的对比，再搭配上红色、红白双色的花卉，产生了类似磨漆画的装饰效果。

　　喷花是铁壳饰花工艺的总称，有两种工艺：一种是制壳、印花一次完成，如印花铁壳、方格铁壳，在铁皮制成壳子前就印上花色；另一种是制成壳子、喷底漆后，再进行喷花、手描、刻花等加工。饰花因外壳材料不同，工艺也有所区别。至 1990 年，铁壳饰花工艺已发展为素色、印花、印格、彩花、国画、轧花、冰花等各种装饰。

　　从某种角度来看，喷花是一种具体的工艺，设计师必须对其有充分的了解和掌握。当年，设计师进入工厂后首先要到生产线上去工作一段时间，这是为了加强对工艺的了解和掌握。喷花工艺艺术性强，要求高，是通过喷枪用压缩空气将硝基漆喷在已喷涂底漆的保温瓶金属外壳上。设计师可以使用各种造型的模子，喷成花草等图案，使保温瓶的外观装饰更加优美。无论是花草图案，还是动物、建筑、山水、风景图案，通过各色硝基漆的调配，都能被有效地喷制在保温瓶金属外壳上面，并且可以做到

图 3-9　向阳牌黑底 5 号保温瓶

色彩鲜艳、形象逼真、生动活泼、富有立体感。在购买保温瓶时，消费者往往根据自己的喜好来选择花样，因此花样在保温瓶金属外壳上具有重要的地位。但是想要喷制一种新花样，需要经过复杂细致的工作，因此应该将喷花的工作看成设计工作的延续，在实际生产过程中如果碰到问题，需要请设计师参与解决。

喷花可以采用硝基漆，其特性是颜色鲜艳、美观，附着力、遮盖力、柔韧性均优良，因为含树脂较多，所以物体表面经过喷涂后无皱纹及针孔现象，显得平滑光亮，与用油漆喷涂相比较，品质明显提高。在喷漆之前，必须将物体表面的铁锈、油垢、水分等清除干净。用硝基漆打底可以加防潮剂，用氨基漆打底不宜加防潮剂，但根据情况可少量加一些。硝基漆的颜色有红、黄、蓝、白、黑等，其他颜色可以根据生产的需要自己调配。喷花工艺的具体步骤如下。

（1）制版：制版是喷花的前提，也是首要任务，一切图案花样都要经过制版才能喷制。制版又可以分为分版和刻版。

分版又被称为复版，因为用纸做版子，所以也被称为纸版。分版是根据喷花的原理对设计稿进行分解，其分解套数的多少以及适当与否，将会直接影响喷花的快慢（数量）和色彩的好坏（质量）。因此，分版是一项十分重要的工作。分版的要求是"套数少、色彩鲜、枪路顺、标记准"。分版的套数需要根据设计稿的颜色而定，相对来说，颜色多则套数也多，因为一套版子只能用一种颜色。但是为了减少套数，在不影响色彩的情况下，也允许将两种或三种不同的颜色放在一套版子上。但对于喷花工人来说，喷花时要增加一支喷枪，这在喷花上术语叫"带枪"。

分版时要考虑"枪路顺"，这是为了方便喷花。面积大的版型要分成多套，那么就应该首先考虑是否能集中一些，使喷枪"不走弯路"。如果一种颜色需要喷成深色、浅色，这在喷花上术语叫"借版"，例如，花瓣"借版"就是要考虑花瓣的顺序，不能把深色、浅色交错在一起，这样会互相影响，导致深的不深、浅的不浅，花朵的立体感就无法表现出来。分版时，浅色一般放在前面，深色一般放在后面。因为有的颜色被覆盖以后，会影响到另一种颜色，有的颜色会被"吃掉"，所以要把浅色放在前面，把深色放在后面，这是为了使花样颜色鲜艳。第一套往往以白色打底，这是为了衬托其他色漆，使之更鲜艳夺目。

分版的顺序是首先用硬铅笔将设计稿复制到透明绘图纸上，再把透明绘图纸用单面复写纸复印到油纸版子上，然后用刻纸刀将不需要的地方刻掉，这就成了需要的版子。分版的工具有：画板、图钉、硬铅笔、单面复写纸、铁笔、钢皮尺、圆规、橡皮、刻纸刀、透明绘图纸、油钻、玻璃胶圈、角尺、油纸、纸等。

除了上述工作以外，分版还有一个喷样的任务。喷样也是一次检验制版的过程。通过喷样，可以知道版子是否存在遗漏、是否符合设计稿的要求，如果有遗漏，可以立即改进。在喷样时，工人可以按照样本、颜色和方法进行操作，不需要重新摸索，有利于顺利生产。在喷样时，应将每套版子的色彩和喷法用白纸喷下来，装订成册，在投产时随样本交给喷花工人，作为调漆样本，便于他们掌握每套版子的色彩，提高喷花的质量，避免色彩偏差很大。

刻版又被称为凿版，因为用铁皮刻成，所以也被称为铁版。刻版主要是把纸版变成铁版，看上去简单，但要做到与纸版无误差，是要下一定的苦功的。铁版是喷花的版型，它直接与保温瓶金属外壳接触，所以要求光滑服帖、标记准确。

刻版时首先将纸版用黑色硝基漆喷在金属铁皮上，为了不使喷漆掉落，应先用砂纸降低铁皮表面的光滑度，然后根据纸版的形状将不需要的部分沿线凿掉。版子凿好后，先用钢字敲上套数号码，使喷花时不会搞错，然后用卷圆车滚成圆形，有不平之处应该修平。版子两边向上折成把手，这就成了喷花时用的版子。把铁皮版子平放在低碳钢上，沿线轻凿，以小铁锤敲白钢刀，动作要轻巧灵活，不能时轻时重，使白钢刀在敲动时能自行向前慢慢推进。握刀要正确，刀口要平整光滑，小铁锤敲太重，会使版子凹凸不平。刀口角度也要准确，刀刃不能太厚，厚了铁皮要拱起来，薄了铁皮会凹进去。

使用时间长的铁皮版子可能会损坏，对于已经损坏的部分，可以用新铁皮按纸版的形状凿下来，然后将凿好的铁皮焊接在原来的铁皮版子上，再用锤子敲平就可以了。分版用的油纸需要自制，可以用两张中性纸，然后以酚醛清漆和30%汽油调和将纸粘在一起，平放在平台上或钉在墙壁上，待干燥后两面涂上桐油，晾干就可以使用了。

（2）喷制：调配色漆的方法与美术色彩的调配方法相似。在调配色漆时，应注意选择颜色和色调，而且同一种颜色在不同光线下也会显示出不同的颜色，例如，蓝色在光线暗淡处近似黑色，红色、黄色在灯光下会显得特别鲜艳。为了便于调配色漆，可以使用记录卡。根据需要可以将常用的色漆涂在卡片上，以便调配时作为对照参数。在调色过程中，需要慢慢地加入色漆并不断搅拌，随时取样，看看所调的颜色是否符合样本的标准；边调边试，一点一点加入所需的色漆，耐心调配，避免某种色漆过多。各种色漆颜色在湿时较浅，干了以后颜色会加深，这与画画用的水彩颜色在湿时较深，干了以后颜色变浅正好相反。因此在调色时，可以对照样本颜色把色漆调得稍浅一些，喷涂干了之后再对照样本颜色看看是否符合。

硝基漆和溶剂是易挥发的液体，调好的色漆放置时间一长可能结块，并且它们也是易燃物品。为了节约和保证安全，也为了防止灰尘污物落入漆内，每一位喷花工人都需要配备一只漆箱。在喷制新花样时，需要参照样本检查颜色是否符合要求，并且要正确掌握拿喷枪的姿势，灵活运用，熟悉喷距的远近和喷嘴的出漆量，这样才能使花样显得生动活泼、形象逼真。硝基漆和溶剂内混有一定量的苯，它对人体健康有影响，因此在车间内装有吸尘装置。喷花工人在操作时必须严格注意把喷枪对准吸尘口，使喷制时的废漆雾排出车间。因为喷花工艺在很大程度上决定了产品的品质，所以工厂对这一道工序的质量检验也做了明确的规定，外贸产品的要求要高于内销产品。

借版就是利用喷枪将一种色漆喷成深色和浅色，这是在喷花过程中经常会碰到的情况。借版是最具有操作技巧的工作，也是考验设计师经验和智慧的重要环节。在操作中，喷嘴要出漆细、气压低、喷距近、料稍稀。正确掌握借版的操作要求，可以使喷制的花物深浅分明、形象逼真、富有立体感，反之则会使喷制的花物深浅不分、喷成满版、没有立体感。

在喷花时，要根据版子找出“枪路”。枪路就是根据版子的孔型，顺次喷涂，这样做不仅能节约用料，还可以使喷制的花物轮廓清晰、色彩鲜明。在喷花时，握版子的左手和拿喷枪的右手要相互配合、灵活转动，使喷枪与版子保持垂直。

一套版子在喷花操作完成以后，应调换喷枪和色漆。在喷枪不足的情况下，也

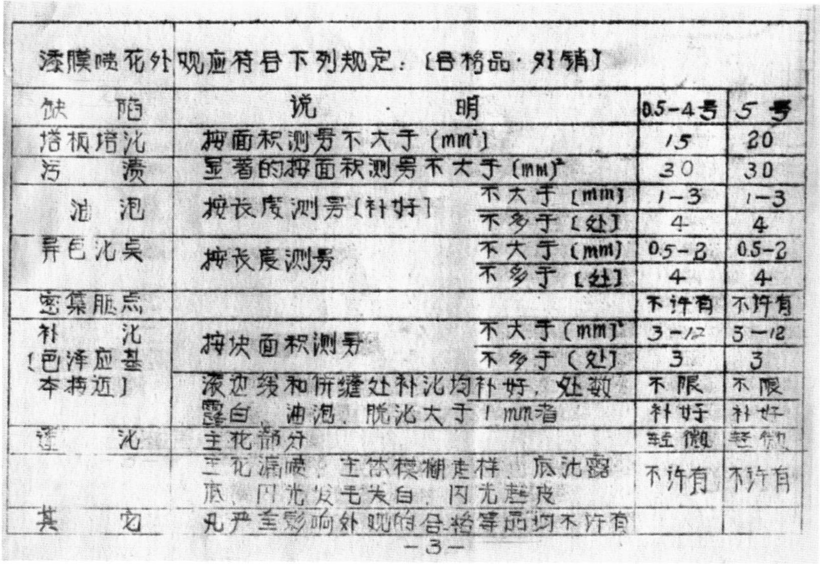

漆膜喷花外观应符合下列规定：［合格品·外销］

缺陷	说明		0.5-4号	5号
搭板搭漆	按面积测量不大于(mm²)		15	20
污渍	显著的按面积测量不大于(mm²)		30	30
油泡	按长度测量[补好]	不大于[mm]	1-3	1-3
		不多于[处]	4	4
异色漆点	按长度测量	不大于(mm)	0.5-2	0.5-2
		不多于[处]	4	4
密集脏点			不许有	不许有
补漆［色泽应基本接近］	按块面积测量	不大于(mm²)	3-12	3-12
		不多于(处)	3	3
	滚边线和拼缝处补漆均补好，处数		不限	不限
	露白、油泡、脱漆大于1mm者		补好	补好
透漆	主花部分		轻微	轻微
	主花漏喷、主体模糊走样、底漆露底、闪光发毛失白、闪光起皮		不许有	不许有
其它	凡严重影响外观的合格等品均不许有			

-3-

图 3-10　上海保温瓶二厂的质量检验手册中的一页

可以只调色、不调枪。在调色时，需要把喷漆缸清洗干净。在一般情况下，如果前一套是浅色漆，后一套是深色漆，那么只要把前一套的浅色漆倒出，用少量香蕉水洗一洗就可以了，有的甚至不用洗。但是，如果前一套是深色漆，后一套是浅色漆，那么一定要把喷漆缸清洗干净，以免颜色相互影响。在喷金粉时，应先把版子喷上一层白色硝基漆，这样做有利于剥版。

喷花工艺是一种脑力和体力相结合的细致复杂的工作。喷花工人除了需要达到规定的产、质、损的指标，还必须经常关心和研究装饰用的花草、动物、山水的形状以及它们的特性。为了使喷制在保温瓶外壳上的花草、动物、山水等形象逼真、色彩鲜艳、富有立体感，喷花工人不仅要细心操作，而且在平时还要留意分析如何才能喷得更好，这就和画家体验生活一样，需要经常思考，才能提高自身的审美情趣和艺术鉴赏力。

（3）剥版：剥版是指利用燃气红外线热处理方法清除花版上的喷漆，也被称为刮版。在剥头版时，应把版子放在加热面的凹凸形罩上，等版面漆膜起泡后，用金属刮刀刮去漆皮，再用金属刷蘸上少量滑石粉刷去残漆。在版面清除以后，把版子放到加热面的凹形外罩上，用金属刷刷去版子里的残漆颗粒，再用毛刷刷去漆灰。

版子剥好后要详细检查，看看是否剥坏，然后在版子两头贴上防雾纸条，避免版子被损坏。小孔一定要清理干净，不能堵塞，特别是较难剥的金粉，应格外注意。送版子时，要留意版子的两头和四个角是否完好无损，如损坏应及时修理，然后把版子送到操作台按顺序摆好。新投产的版子检查完毕后应包上保护布条、贴上防雾纸条，保护布条损坏要及时调换。

1963年初，上海金钱热水瓶厂参照THERMOS牌保温瓶的式样设计生产了2号和3号系列铁壳印花保温瓶，之后又设计生产了2号和3号系列镀铬壳异形保温瓶，俗称咖啡壶，该类产品在国际市场上十分走销，供不应求。其他各厂也陆续设计生产了2号至4号印铁咖啡壶，成为当时上海保温瓶行业的重头出口产品，产品的广告设计还突出了可以在野外使用的特点。

上海保温瓶二厂生产的长城牌5号、8号铁壳彩花保温瓶，上海保温瓶三厂生产

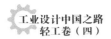

图 3-11　印铁咖啡壶

图 3-12　印铁咖啡壶和背包

图 3-13　印铁咖啡壶野外使用的广告画面

的向阳牌全铝刻花镀黄 5 号保温瓶等产品不断提高质量并完善外观造型，所以逐步成为铁壳保温瓶中的名优产品，在 20 世纪 80 年代全国铁壳保温瓶各项评比中，获得了诸多的国家级奖项。向阳牌全铝刻花镀黄 5 号保温瓶通体金色，瓶盖上的品牌标志也略显奢华，使产品具有了"纪念版"的韵味。壳体上下各有两条轧制条纹，增加壳体牢固度的同时丰富了造型语言。壳体上装饰的龙凤图形是设计师直接用凿子凿出的，这要求设计师对图形有很强的把握能力，同时又要呈现出工艺的美感。据设计师回忆，曾经在全铝刻花镀黄保温瓶上凿出一套"金陵十二钗"，每个产品上有一个人物图案，但是没有批量生产，可以视作当时一种探索性的"概念设计"，意在探索设计与工艺相结合的最大可能。这种全铝刻花镀黄保温瓶的式样也给新一代的设计师提供了创新设计的灵感，例如，留学德国的王杨设计了一款类似的产品，并让其成为自己创立的 YANG 品牌的主打产品。新产品的造型更加简约，壳体上仅以一个浅刻的"囍"字装饰。设计师希望能够用当代的设计语言向传统致敬，使新产品获得新一代消费者的喜爱。

　　1979 年，上海保温瓶一厂根据国外最新款式，研制成功国内第一只气压出水保

第三章　保温瓶

图 3-14　向阳牌全铝刻花镀黄 5 号保温瓶

温瓶，改变了我国保温瓶多年的直筒式样，在保温瓶的出水方式上摆脱了拔塞倒水，采用手揿自动出水，既方便又卫生，尤其适合老人、儿童、孕妇、残疾人使用。该厂前身是徐文记油漆桶罐厂，创建于 1917 年。1932 年，利用制罐机器生产热水瓶壳，另设光大热水瓶厂。1933 年，设瓶胆支厂，成为保温瓶生产的全能厂。1938 年，设光大文记热水瓶桶罐厂，此后曾改组为光大热水瓶厂股份有限公司。1966 年，更名为上海保温瓶一厂。气压出水保温瓶的诞生标志着我国的保温瓶行业进入了一个新的发展阶段。在产品装饰设计方面，采用简洁的图形成为设计师思考的一个方向，蒙德里安的冷抽象图形是当时设计师能够驾驭的元素，也是一种能够与具有理性特征的产品形态相契合的图形。在色彩设计方面，设计师刻意回避了蒙德里安冷静的一面，尝试营造出活跃的气氛。此外，还有一些设计在原来喷花图形的基础上进行了一些改良，使图形更加简洁，符合了产品理性设计的基调。

上海保温瓶一厂的四次改型使产品一次比一次完善，当消费者使用时，手揿感觉轻巧、出水量大、安全系数高。1979 年秋季，该产品首次出现在中国出口商品交易会上就引起了轰动，30 多个国家和地区的客商们纷纷订货，产品供不应求。在

图 3-15　抽象图形装饰的气压出水保温瓶

图 3-16 喷花图形装饰的气压出水保温瓶

二三年的时间里，该产品出口至 90 多个国家和地区，蜚声海内外。

上海保温瓶二厂、三厂、四厂也相继研制生产气压出水保温瓶，品种有外揿式、内揿式、杠杆式；造型有矮胖型、象鼻形、鹰嘴形；容量有 3 号、3.5 号、4 号、5 号、5.5 号、8 号等；外壳材料有马口铁、铝皮、不锈钢、塑料等。上海保温瓶一厂生产的如意牌气压出水保温瓶曾获国家质量银质奖，还曾作为奖品颁发给重要活动的中奖者。改革开放后，随着人们生活水平的日益提高，上海保温瓶一厂于 1985 年开始研制电加热气压出水保温瓶，于 1988 年成功投产，成为我国保温瓶行业的升级换代产品。

大口保温瓶是由上海光大热水瓶厂于 1936 年首创的，因为瓶胆口径大，所以适合存放固体的冷、热食品。1938 年后，由上海光大热水瓶厂独家生产，采用金鼎牌和雪山牌商标。该厂生产的大口保温瓶品种多、规格全、质量好，容量从 1 号（0.4 L）至 20 号（8 L），有 20 多种，能够满足不同消费者的需求，一直保持畅销的势头。上海保温瓶一厂也曾经为野外作业的工人设计了大口的保温容器，基于积累的生产经验和技术，很快就实现了投产。

竹壳保温瓶是以毛竹为材料制成外壳的保温瓶，它的生产始于 1941 年。太平洋

图 3-17 有奖储蓄的中奖者展示自己的奖品

图 3-18 设计人员在探讨适合野外作业使用的大口保温瓶的设计

图 3-19　竹壳大口保温瓶

战争爆发后，铁壳材料来源中断，生产受到影响，因此竹壳保温瓶应运而生。我国盛产毛竹，原材料来源丰富，并且生产操作简单、不需要厂房设备等，所以竹壳保温瓶一度成为市场上销售的主要品种，容量有 2 号、3 号、4 号、5 号、8 号等。当铁壳材料来源紧张时，竹壳就起到了重要作用，竹壳保温瓶的生产成本低、售价低廉，成了保温瓶的代表产品。1980 年后，随着人民生活水平的逐步提高，竹壳保温瓶出现了滞销的情况，至 1985 年完全退出市场。

图 3-20　竹壳保温瓶厂的生产车间

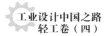

塑壳保温瓶的生产始于 1960 年，外壳是用聚丙乙烯、聚苯乙烯、聚氯乙烯等塑料材质制成的，容量从 0.5 号至 8 号。保温杯和小号保温瓶的外壳材料起初是以聚苯乙烯、聚丙乙烯制成的，后来有些塑料厂使用聚氯乙烯制成 5 号保温瓶的外壳，因为产品美观大方、不易腐烂、价格便宜，所以颇受消费者的欢迎。为了适应市场需求的变化，自 1983 年起上海保温瓶五厂由生产竹壳保温瓶转为生产塑壳保温瓶。同年，该厂使用聚丙乙烯研制成功全塑壳密封式保温瓶，产品造型新颖、便于携带，投产后主要出口外销。

第三节　工艺技术

中华人民共和国成立之前，保温瓶生产工艺技术以手工操作为主，劳动强度大、技术无标准、质量不稳定、生产率低。中华人民共和国成立之后，保温瓶生产工艺技术通过改进逐步摆脱了手工操作，向半自动化、自动化方向发展，并建立起完善的技术标准，质量稳步提高。上海的保温瓶生产工艺技术达到了全国先进水平。

料坯生产是指将构成玻璃的原料熔制成玻璃液，再经过吹制，形成内外瓶坯，瓶坯成型后由送瓶工人快步送到退火窑，由烘窑工挑瓶入窑退火，最后形成瓶胆加工的半制品。中华人民共和国成立之前，料坯成型采用人工吹制，操作时工人必须在熔炉旁作业，易受熔炉和玻璃液辐射热灼伤，劳动条件差、生产率低。中华人民共和国成立之后，国家采取一系列劳动保护措施，并对人工吹制工艺进行革新。1958 年，原工联热水瓶厂吹泡工首先采用玻璃制瓶倒口机原理，研制成功人工操作倒口机气吹成型半自动吹泡机。1959 年，上海保温瓶三厂将原工联热水瓶厂的半自动吹泡机改进为双模、四模横式半自动吹泡机，改人工吹制为人工机器吹制。上海保温瓶二厂、上海保温瓶四厂相继研制成功风车式半自动吹泡机和行列式吹泡机等。

自 1960 年起，由上海保温瓶一厂、黄发记机器厂、轻工业部玻璃搪瓷研究所组成自动吹泡机研制小组。1968 年 4 月，研制成功全国保温瓶行业第一台 5 号小口瓶胆12模全自动吹泡成型机，使工人摆脱了繁重的体力劳动，实现了"吹泡不用嘴"的愿望。后经轻工业部向全国推广，至1983年全国保温瓶厂普遍采用该款机器，生产率提高10倍。

1958年，上海保温瓶三厂率先改进了送瓶半自动传送带，替代了人工操作。上海保温瓶一厂在此基础上将半自动传送带改进为全自动，实现了工人"送瓶不用腿"的愿望。之后，上海保温瓶二厂研制成功保温瓶行业第一只隧道式自动退火窑，从进窑到出窑，时间缩短为40分钟，出窑温度从160℃降为室外温度，操作工人从14人减为6人。

瓶胆加工是指将内外瓶坯通过拉底、封口、镀银、抽真空、测温等工序制成瓶胆。

白瓶的工艺流程为：

内瓶清洗→割口
外瓶检验→割底 } 内外瓶套合→石棉→外瓶封底→接尾→外瓶割口→封口→瓶口退火

镀银的工艺流程为：清洗白瓶→灌倒氯化亚锡→灌银液→上镀银机→照光验膜→灌倒清洗液→进烘窑。

抽真空及检验流程为：拉尾→抽真空→割封尾管→三热二冷急变试验→蒸汽测温→分级检验入库。

其中关键工序的说明如下：

（1）拉底、封口：拉底、封口是瓶胆加工的关键技术，早期被日籍技师垄断，后被我国工人掌握。工人操作时以手工为主，在煤气火头上边烧边拉，使之成圆形，不仅操作时间长，而且要双手悬空依靠腕力握瓶，劳动强度很大。1955年，上海保温瓶四厂的赵德芳研制成功自动烧圆车和自动打眼机，降低了工人的劳动强度，使产量提高一倍以上并且质量也大为改观。赵德芳连续两年被评为上海市劳动模范，并被授予"全国先进生产者"称号。1958年6月，上海保温瓶四厂研制成功卧式半自动封口机，从原来每天手工封口1 800只，提升到4 000只。1960年，该厂又研制成功卧式全自动封口机和拉底机，并在全行业推广，使拉底、封口工艺摆脱了手工操作。

（2）镀银：镀银是瓶胆加工的重要工艺，以手工操作为主，简易设备为辅。1949 年之后，洗瓶机、灌倒氯化亚锡机、灌银液机等设备先后被研制成功，使手工操作转为机械操作，但是镀银配方未有重大突破。直到 1982 年，上海保温瓶二厂的陈开良、张立国、朱斌等人经过 10 个多月的试验，研制成功一套较为完整的 5 号瓶胆镀银配方、测试、检验新工艺，即薄层镀银，在保温效果不变的前提下，银膜层厚度从 1 ～ 1.5 μm 降到 0.6 ～ 0.8 μm。以万只 5 号瓶胆耗用硝酸银计算，采用薄层镀银新工艺之后，节约率达 42.4%，一年为国家节约白银 701 kg。

（3）抽真空：抽真空是将镀过银的瓶胆夹层抽成真空，达到内瓶与外瓶之间无空气作为媒介的目的。原来采用的是传统的外瓶加热顺真空工艺，生产率低、劳动强度大。1959 年，上海保温瓶二厂的叶兴法等人研制成功内瓶加热倒真空新工艺，将煤气加热外瓶改为煤气加热内瓶，并在机械真空泵后再加一台玻璃扩散泵抽真空，提高了真空度。倒真空新工艺将每 8 只瓶胆的抽气时间从 20 ～ 25 分钟缩短至 10 ～ 12 分钟，节约煤气 40%，节约电力 60%，同时还降低了劳动强度。

（4）测温：1956 年之前，瓶胆测温使用的是人工泡水法，即瓶胆注满沸水后塞紧木塞，24 小时之后以温度表测定温度达到部颁标准 68 ℃为合格。这种检测手段不能适应生产的发展。1960 年，上海保温瓶一厂率先研制成功蒸汽测温车，将检测时间从 24 小时缩短至 20 分钟，节省了大量的能源、用水、劳动力和生产场地。1964 年，上海保温瓶二厂根据蒸汽测温原理，制造了一台蒸汽"三热二冷"（三次蒸汽、二次冷水交替）急变机，以机械代替人工测温，提高了瓶胆的检测质量，将爆瓶的危险控制在产品出厂之前。新工艺不仅降低了检测工人的劳动强度，保障了生产的安全，而且也保障了用户的安全。

保温瓶的外壳主要由马口铁、铝皮、不锈钢、塑料、毛竹等材料制成。

1. 金属壳成型工艺流程

制筒（壳身）：裁片→切角冲孔打商标→踏制扣→卷边→压平→翻边→套上下圈→滚圈。

铝盖：擦油→拉伸→切边→卷边滚螺丝→抛光。

铝肩：擦油→拉伸→拉线→滚大螺丝→滚小螺丝→切边→压边罩边→研光→抛光→接嘴。

铝底：擦油→拉伸→拉线→开孔整形→打凹线→冲三孔→拉小圆线→滚大螺丝→滚内螺丝→切边→抛光。

不锈钢壳除经过上述流程外，还需要增加氩弧焊接工艺才能制成。全铝壳有的要经过阳极氧化处理和光学抛光，以便提高氧化膜的厚度，达到有光泽、耐磨、防腐蚀的目的。

早期的金属壳加工以人工半机械操作为主，使用简易手摇劳动车、剪刀车、老式皮带冲床等，既落后又不安全，生产率很低。后来，各厂相继研制成功半自动劳动车、滚丝机、卷边机、拉线机等设备，1970年之后，又研制成功多工位机床、二道机、联合劳动车等设备。20世纪80年代，外壳生产开始向流水线方向发展。1983年，5台单机组成制筒生产流水线。1984年，建成铝盖多工位生产流水线。

铁壳、不锈钢壳的表面喷花是一个非常重要的工艺环节，从工艺技术的角度来看，需要引起高度重视。在当年的操作工人培训手册中，关于这个方面有十分详细的叙述，涉及每一个操作步骤，对于非常情况的处理讲述得非常具体，对于操作工具的原理、使用的耗材性能等也介绍得十分详尽，力求使每一位操作工人都能够了解和掌握。关于加版花、动物、风景花以及其他操作的说明如下：

（1）在完成花型分析之后，应确定在什么位置下喷枪以及喷枪的走向。下喷枪的部分要重一点（深一点），从里向外淡下去（产生阴暗面）。喷枪的中心点放在花与版子边缘的连接处，也就是说一半喷在花上，一半喷在版子上。版面小，喷枪要近一点；版面大，喷枪要远一点。由于加版花是一套一套喷上去的，所以下喷枪的轻重要基本一致，特别是加版花由浅加到深的情况，例如，先粉红、再大红、后紫红，这样色彩才能协调。在喷淡色加版时，颜色一般要比原样略深一点，面积略大一点，否则加上深色后，淡色就不明显了，甚至会看不到了。这就要求在实践中总结规律，方能收到良好的效果。在喷加版花时，切不可绕圈圈，满版子扫，这不叫喷花，有人说这叫"盖颜色"，或叫"填空"，意思是说将刻过的版子用漆补起来。

加版花的漆不能过稀，否则会产生细小漆粒，影响效果。

（2）应注意动物的姿态以及每套版子在动物身上所起的作用。如果要喷两只鹤，上面这只鹤腾空而起，下面这只鹤展翅欲飞，那么上面这只鹤给我们看到的是侧面，下面这只鹤给我们看到的是俯视角（也就是说从上向下看的面）。根据这个场景，上面这只鹤的翅膀是向里卷进去的，所以分版时用两套版子完成：在第一套版子中，浅灰由上向下，较均匀地洒向版面，上略深、中间略浅、端部又略深；在第二套版子中，深灰起着呈现"翅膀向里卷"的作用，因此应把喷枪的中心点放在版子中间，由里向外颜色逐渐淡下去，深色和浅色之间无明显印记，这样才能获得好的效果。下面这只鹤的翅膀是俯视面，这套版子的灰漆应从版子中间向两边散开，尾部颜色应由下向上逐渐淡下去。鹤头的部分要一版一版分清楚，这样才能使鹤活灵活现。

（3）风景花基本都是远视效果，色彩要柔和，主花部分要有不同，例如，"环山丛林一凉台"，这是由山和树衬托凉台的。山有远有近、有高有低，是由各套版子的颜色和深浅来呈现的，颜色要由上向下逐渐淡下去，漆要略稀一点，喷枪要远一点，远的山峰要更淡一点，让人有隐隐约约的感觉。无论是山峰还是树木，都要将根部藏起，否则会影响整个花的远视效果。风景花的阴暗面非常重要，不能满版子扫，而且颜色要均匀，不能一块深、一块浅，每种花的喷制特点需要在实践中灵活掌握。

（4）在喷花过程中，漆的厚薄对花色有很大的影响。漆过厚，喷出的花朵不光滑，颗粒大，中间空隙大，而且罩光后不受光。一般来说，夏天香蕉水挥发快，漆可以适当稀一点，冬天香蕉水挥发慢，漆可以适当厚一点；气压大的时候，漆可以厚一点，气压小的时候，漆可以稀一点。漆的厚薄，要根据花型的要求来决定。头道白漆要厚一点，不能一扫而过，这会影响花色的鲜艳度，也会影响罩光的效果。另外，还需要根据气候改变操作方法。例如，冬天气温低，香蕉水挥发慢，如果按平常操作，花的中间就容易产生小点，特别是面积大的花更是如此，出现问题不易返工，所以冬天喷花时应使漆略厚一些，出漆量不宜过大，面积大的地方，操作速度要略慢一点，在有条件的情况下，可以提高室内温度。在梅雨季节，喷出的花面容易产生雾状物

（白膜），这是由于空气中的水分过多而产生的，一般不影响质量，待罩光后即消失，或者可以在硝基漆中适量加一点儿丁酯。

（5）照弧，又称打雾，是衬托花或动物的背景。在喷制时，弧的位置要准确，大小要适中，漆要略稀一点，但不能过稀，过稀会产生色漆点。喷枪应略远一点，这样做漆能散开，距离以120 mm为宜，过远产生蓬漆，影响擦壳工序，过近产生线状。照弧要均匀，不能一块深一块浅。

（6）喷枪的出漆点应该与版子的被喷面基本垂直，这样喷制任何位置的花都能做到下枪准，既省漆又可以避免蓬漆。喷枪的走向应该按顺序进行，这是提高产量的重要因素之一。如果遇到分花制版不当、走枪困难的情况，一定要找寻规律，尽量做到不走回枪，这样才能节省生产时间。

（7）套版要稳，筒子放入花版要做到基本平行，不能偏，偏了就容易产生刮漆。对角要准（对角标记的位置很重要，应为斜角型），应该找到每套花版的对角规律，例如，加版花可以先对花、后看对角，对版子要求做到筒子放入花版基本对上对角。对角能避免花版差异（制版不准的情况例外），节省来回旋转找对角的时间，防止刮漆。套版、对角也是提高产量的重要因素之一。

保温瓶的外壳在完成喷花之后，还要用罩光漆进行表面处理。罩光与喷漆虽然在操作及技术方面有共同点，但尚有下列不同之处：

（1）罩光擦壳除了与清漆擦壳有一些相同的要求之外，还应格外注意擦掉花壳上的异色漆点以及上下的蓬漆、搭漆和斑渍。有弧的花壳要慎擦，因为弧是无版操作，由外壳的中心向四周散开，蓬漆面较大，所以不能用香蕉水擦，否则将产生明显的印渍，应该用水或肥皂水擦。擦花壳时要按顺序拿壳，不能从中间抽出或插入，否则容易产生刮漆和脱漆现象，影响产品质量。

（2）罩光操作应该根据气候调整配方，例如，阴雨天或梅雨季节，空气湿度大，脱面的花壳容易发白（水分和光油发生变化），因此应适当添加干燥剂（防白剂），如丁醇、丁酯等，吸收空气中的水分，或在罩光前对花壳进行加热处理。由于丁醇、丁酯溶解力强，不能多加，尤其是当漆壳不牢时更应慎重，否则容易产生起皮现象。

光油不易调得太稀，否则光泽保持时间不长，容易失光。罩光的主要目的是保护漆膜，提高光亮度，保持喷花的花色鲜艳，从而提高保温瓶的外观效果。

（3）罩光使用的是硝基清漆，又称膜面清漆，由醇酸树脂、增韧剂组成，挥发部分由醇、酯、苯等溶剂组成（此类溶剂挥发掉了，清漆也就干了），它的漆膜有良好的光泽及耐久性。

印花工艺类似于丝网印刷。印花用的版子的版面用200目尼龙布制成，花版按产品规格大小用方形木格制成，将尼龙布面绷紧在方形木格中间，然后进行感光。

冰花工艺是一种比较特殊的表面处理方式。根据金相学的原理，任何金属在熔融的状态下突然自然冷却，其金属结晶体结构就会重新排列。冰花工艺就是利用这一原理，在马口铁表面电镀上一层锡，锡是一种比较柔软、延展性较好的金属，将镀锡马口铁（一次镀）经加热熔融使结晶体结构重新排列，为了使壳身有特殊花纹，可以用水洒进行骤冷处理，然后再次镀锡使之形成。从外观来看，闪光似贝壳，图案就像冬天玻璃窗上的冰花，因而得名。

从本质上讲，这是镀锡工艺的一种特殊处理方法，也可称为晶锡或结晶锡。因为锡的化学稳定性较高，所以镀锡层在大气中也很稳定，而晶纹镀锡既有装饰作用，又能起到保护作用。镀锡电解液有酸性和碱性两种。我们采用酸性电解液镀锡，因为既省电又便于操作。酸性电解液有硫酸的、氟硼酸的及氧化物的等。冰花工艺采用了硫酸的电解液，因为应用普遍、原料好找。在镀完烘干的过程中，温度不宜超过200℃，超过就要谨慎对待，而且时间不宜过长，否则将产生锡粒子，壳身表面的锡层会发暗。圆边的壳身在烘干后应该用口罩布擦上下边。

2. 塑壳成型工艺流程

制筒（壳身）：粉碎→染料→造粒→吹塑→轧头→整修。

塑壳生产主要有粉碎机、造粒染料机、拉料机、注射机和吹塑机等设备，工艺比较简单。1980年，对气压出水保温瓶外壳的ABS塑料采用塑料镀铬新工艺，使塑壳类似于金属一样能闪闪发光，属国内首创。

3. 竹壳成型工艺流程

编壳：锯竹→卷节→刨青→开料→轮角→削尖→倒角→扎圈→剪壳。

原来的竹壳工艺十分落后，生产依靠"三把刀（竹刀、刮刀、剪刀）"和一双手，全部为手工操作。自 1959 年起，上海保温瓶五厂先后研制成功劈篾机、摇壳机、锯竹机、刮夹机、劈夹机、开料机等机械设备，至 1965 年之后，竹壳生产全部实现半机械化。

保温瓶的装配是一种比较简单的手工技术操作，只用简易的工具就可以完成。5 号保温瓶的装配工艺流程：旋铝底螺丝→插瓶胆→旋肩→校正底托→塞瓶塞→套盖旋紧→检验→套纸袋→装盒→入纸箱→出厂。

第四节　产品记忆

曾在上海保温瓶二厂从事设计工作的胡亚琴毕业于上海市工艺美术学校，她是这样回忆当年的设计情况的。当时保温瓶行业的设计工作机制是在技术科下设立设计组（室），技术科由厂部资深技术专家分管，设计组（室）的设计师当时被称为"美工"，多由从属于上海市轻工业局的上海轻工业高等专科学校和从属于上海市第二轻工业局的上海市工艺美术学校的毕业生来承担。当时她们每位设计师每月要完成 6 件印花设计，上级公司的技术科还会定期组织新产品设计评选活动，促进好设计的诞生，因为就保温瓶而言，80% 的印花更新率是保证产品畅销的关键。

胡亚琴说，花样设计得漂亮只是完成了三分之一的工作，另三分之一要依赖于工艺的优化和新工艺的开发，最后的三分之一要依赖于上海市第一百货商店的驻厂员。其工作机制是这样的：凡设计师完成的设计稿，都要由试制车间制作出若干实样，此时驻厂员就会与技术人员和设计师一起参加设计讨论会，研究市场需求，特别是消费者对产品的喜好，事实上，驻厂员扮演的是现代企业设计中心的营销总监的角色。当然，那时的驻厂员还仅是凭借自己对商品流通渠道的熟悉和多年的销售经验提出设计改进建议，谈不上市场规划、策划，但曾在保温瓶行业积累多样设计工作经验的周爱华提到，凡经驻厂员建议修改的设计，一定会受到消费者的喜爱，胡亚琴也支持这一观点。

胡亚琴每次提到银红 5 号保温瓶就会表现出兴奋的神情，该产品一经推出立即引发了消费者抢购，当时购买的人群从上海市第一百货商店三楼柜面排队至六合路，销售场面十分火爆。

20 世纪 80 年代中期，设计师工作成果的培训奖励已成为日常机制，上海保温瓶二厂于 1987 年 1 月出台了文件《美工经济责任制》，其中明文规定设计师每周可以有一天时间外出看展览或自行到市中心看橱窗，同时上级公司每年有两周时间组织设计师外出写生、进修，回来举办美术作品展览，互相交流心得，每人凭票证报销120 元，但写生稿不低于 10 幅，且由工厂收藏其中 3 幅，不另计酬。另外规定，设计师可选择坐班创作或不坐班承包创作，但均需签订协议书。

在展销会上获得前三名的花样设计师会得到奖励。胡亚琴保留着一张《解放日报》，上面的照片记录了她参加展销会并与同行讨论设计的场景。在这次展销会上，她获得了设计评比第三名，工厂给予了相应的奖励。如果设计师设计的花样使产品占到上海市第一百货商店订货数量的 60% 以上，同样可以获得奖励，但如果累计6 个月无录取记录，则由厂方另行安排岗位，不享受美工待遇。更有趣的一个现象是，保温瓶厂与搪瓷厂的设计师常常会共同参加由上海市轻工业局组织的各种写生、参观、评比活动，各个工厂的设计师之间也非常熟悉，经常会交流设计心得，所以经常会约定在相同的时间里以一种图形同时应用到保温瓶和搪瓷产品上，由此形成了"系列产品"。另外，设计师经常会接受出版社的邀请画一些年画，这些作品一旦印刷发行，也会受到欢迎，因为选择的题材都是老百姓喜闻乐见的。设计师较少拘泥于工笔、写意、水彩的某一种技法，而是综合运用各种技巧去表现。济南保温瓶厂的设计师赵建源创作的《四季如春》四屏一套年画就是其中的代表作之一。

向阳牌商标于 1966 年开始使用，饱含了上海保温瓶行业几代人的心血和汗水。向阳牌保温瓶曾以优良的质量、精湛的工艺、先进的技术享誉国内外市场。在国内，

图 3-21　年画《四季如春》

很多人对向阳牌保温瓶印象深刻。在 20 世纪 70 年代，向阳牌保温瓶是家喻户晓的结婚必备品，新房里如果能摆上一对向阳牌保温瓶，在当时是一件值得炫耀的事。

向阳牌的商标图形是一朵向日葵，寓意"向阳"，在当时那个年代是希望向阳牌能像向日葵一样，永远朝向阳光、蒸蒸日上。厂里的员工被称为"葵花人"，他们肩负重任，清醒地认识到：向阳牌的市场地位和荣誉是需要历经几代人的辛勤打拼才能获得的，作为行业的延续者，他们只有兢兢业业、精心呵护、悉心打理，才能真正承担起使向阳牌永葆青春的责任。

20 世纪 70 年代中后期，随着产品出口量的扩大和国内市场需求量的不断增加，各个工厂除了在产品设计方面"求新、求精"之外，也开始注重打造品牌形象。向阳牌保温瓶曾经以具象的图形设计展现品牌形象，但随着时代的发展已显过时。负责改进的设计师是毕业于上海轻工业高等专科学校美术专业的赵瑞祥，他在改进向阳牌商标图形时借用了平面构成中的光效应效果。黑色和白色的有序排列，产生了花心中央白多黑少而四周白少黑多的效果，让人感觉好像有阳光照着向日葵，使平

图 3-22　改进的向阳牌商标图形

面的向日葵产生了立体感。这款商标图形一经设计完成便被定型，并应用到产品和各类宣传媒体上，取得了很好的视觉效果。

向阳牌是上海市的名牌，自 1995 年起曾连续六年获此殊荣。20 世纪 80 年代，曾被中华人民共和国对外经济贸易部授予出口产品优质奖。经过多年的努力，向阳牌的市场地位不断巩固，先后获得"全国保温容器产品质量公证十佳品牌""上海市出口名牌""上海市著名商标""上海市最受欢迎产品"等荣誉称号。公司外销的向阳牌产品基本覆盖东南亚、非洲、中东、南美洲等地，在欧美国家也有销售。同时，国内一些知名卖场和大型超市也都在经销向阳牌产品。由于在品牌建设方面有突出成绩，2007 年被上海市对外经济贸易委员会授予品牌培育贡献奖。

图 3-23　1980 年上海保温瓶新品种设计

续图 3-23　1980 年上海保温瓶新品种设计

续图 3-23　1980 年上海保温瓶新品种设计

续图 3-23　1980 年上海保温瓶新品种设计

　　在上海保温瓶行业的体系中，包括：上海保温瓶一厂，主要产品有气压式保温瓶、大口瓶，使用的商标有如意牌、雪山牌；上海保温瓶二厂，主要产品有5号、8号铁壳保温瓶和鹰嘴式气压瓶，使用的商标是长城牌；上海保温瓶三厂，主要产品有铝壳刻花保温瓶、杠杆式气压瓶，使用的商标是向阳牌；上海保温瓶四厂，主要产品有小号保温瓶、异形保温瓶，使用的商标是金钱牌；上海保温瓶五厂，主要产品有5号塑壳保温瓶，使用的商标是蝶蕾牌。

图3-24　1975年上海保温瓶一厂、上海保温瓶二厂、上海保温瓶三厂以及1979年上海保温瓶一厂的产品设计资料

续图 3-24　1975 年上海保温瓶一厂、上海保温瓶二厂、上海保温瓶三厂以及 1979 年上海保温瓶一厂的产品设计资料

续图 3-24　1975 年上海保温瓶一厂、上海保温瓶二厂、上海保温瓶三厂以及 1979 年上海保温瓶一厂的产品
设计资料

续图 3-24　1975 年上海保温瓶一厂、上海保温瓶二厂、上海保温瓶三厂以及 1979 年上海保温瓶一厂的产品
　　　　　设计资料

续图 3-24   1975 年上海保温瓶一厂、上海保温瓶二厂、上海保温瓶三厂以及 1979 年上海保温瓶一厂的产品
设计资料

续图 3-24　1975 年上海保温瓶一厂、上海保温瓶二厂、上海保温瓶三厂以及 1979 年上海保温瓶一厂的产品设计资料

续图3-24　1975年上海保温瓶一厂、上海保温瓶二厂、上海保温瓶三厂以及1979年上海保温瓶一厂的产品
　　　　　设计资料

仙人球
Xianr Vien Jiu

续图 3-24　1975 年上海保温瓶一厂、上海保温瓶二厂、上海保温瓶三厂以及 1979 年上海保温瓶一厂的产品
　　　　　设计资料

基于保温瓶产品花样变化的特征，各个工厂积累了大量的设计资料，其作用首先是用于总结产品销售成果，为后续阶段的设计调整提供依据，其次是用于全国保温瓶行业的交流。上海的工厂在这方面做得比较好，历年来积累了大量的设计资料。

20 世纪 70 年代中期，在中国援助越南的重点项目中有一项是计划建造一座保温瓶厂，由中方提供设计以及全部生产设备。这项任务下达到上海，由上海市轻工业工程设计院负责设计，各级领导高度重视，为了确保万无一失，责成上海保温瓶行业专家论证可行性。时任上海保温瓶二厂技术负责人的王立江认真审查图纸后，结合自己长期生产管理的经验提出了修改意见，使设计方案更优化，圆满地完成了任务。这些合理化的建议来自技术人员和管理者在日常工作中不断改进生产设备和流水线的经验，无论是对于引进的技术设备，还是自行研制开发的技术设备，一定要根据生产需求进行不断改进，这已经成为一个自觉的行为。

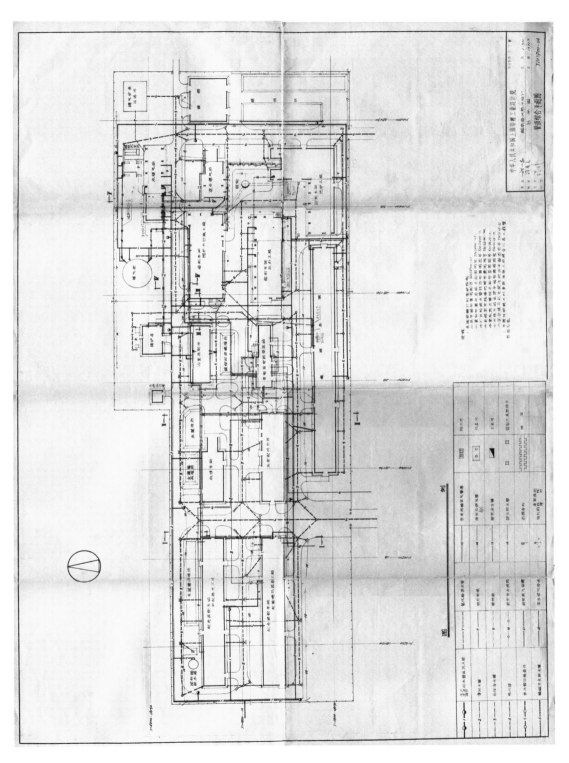

第三章 保温瓶

图 3-25 援助越南建造的保温瓶厂的车间平面图

111

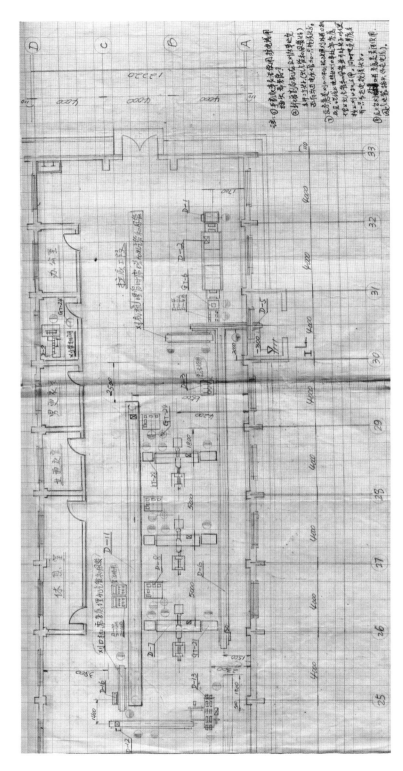

图 3-26　改进工厂工作环境的设计方案

第四章 板式组合家具

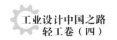

第一节　历史背景

现代家具行业的发展与一个区域的经济状况和人口数量有关。对于传统的中式家具而言，以上海为例，早在清朝的乾隆、嘉庆年间就有许多从事木工行当的手工业者来到上海开设作坊或店铺，形成相对集中的制作和销售各类家具的街巷。清朝的同治、光绪年间，家具制作和销售向租界扩展，当时规模较大的有沈南昌、张万利和王顺泰等家具店，一般都自设木工作坊、自产自销，雇用少量工人或学徒，店主参加劳动且有较好的技艺，有的技艺是世代相传的，尤以红木家具制作为特色。

上海开埠后，西式家具逐渐兴起。1871年，宁波人乐宗葆创办泰昌木器公司，这是上海第一家由中国人开设的西式家具店。至1923年，乐宗葆于南京路与贵州路交叉口自建四层楼房扩大营业，并在附近开设家具制造工厂，生产和经营仿西欧宫廷式家具，产品有写字台、大菜台、扶手靠背椅、柜子、架子、茶几、穿衣镜和大沙发等。1884年，英商经营的祥泰木行有限公司开设家具工厂。1885年，英商经营的福利公司采用部分木工机械制作西式家具，产品主要供外侨使用。之后，居住在上海的一些军政要员、豪绅巨贾为了趋附西方生活，也竞相购置，西式家具的销售日益兴旺。1888年，浙江奉化人毛茂林来到上海做木工，后向怡和洋行租得几间店面，创办毛全泰木器公司，专做西式家具。1905年，英商海克斯在上海静安寺路创办美艺木器装饰有限公司，聘用英籍家具设计师设计图样，雇用本地木工、漆工、装配工和沙发工，制造西式家具。所产家具美观精良、价格昂贵，但声誉卓著，是上海西式家具制作的佼佼者。1917年，作为中国新型百货公司的先施公司开张，内设家具部，并在华德路开设家具工厂。1920年，德商沦力克在静安寺路创办现代家庭家具公司。1921年，原泰昌木器公司工人水亦明在四川路桥堍创办明昌木器店。1926年，向怡和洋行租得四川路540号四层大楼一幢，经改建后成立水明昌木器有限公司，底层为样品间，工厂设在闸北天通庵路。之后，位于南京路的永安、大新和新新等百货公司相继开业，均设有家具部，并自设家具工厂。同时，一批中小型西式家具店和木工作坊也纷纷出现。产品主要有大英式、法兰西式和德国式成套及单件家具。至此，上海家具行业形成中式和西式两大分支。

在历史上，家具行业是一个亦工亦商、以商为主和以销定产的行业，家具商店的发展，反映了市场需求的变化，同时也带动了家具工厂和手工业户的发展。它们对商业资本的依赖性很大，因而会受到不同程度的剥削。除了自产自销的个体手工业户外，大多数家具店有固定的木工工厂，可以为其提供一定数量的白坯，有的是按照商店提供的设计式样加工的。毛全泰木器公司在业务兴旺时，有10多家工厂为其提供家具白坯。家具的后道工序油漆、五金件和玻璃的装配，由商店雇用几个老师傅完成，一般不自设工厂，这样可以获得高于工业生产的利润。抗日战争爆发后，上海的经济一度出现虚假繁荣，家具成了热门货，高档家具更是供不应求。1941年，由兴泰昌木器号李静齐经理倡议，上海西式木器同业公会成立。1946年，上海中式木器同业公会成立。这时，上海家具商店已经发展到355家，其中中式家具店260家，西式家具店95家。分布比较集中的地段有南京路、四川路等商业中心，制作家具的木工工厂则主要集中在比较偏僻的地方。

在中华人民共和国成立初期，家具行业有些衰落，不少商店和作坊纷纷停业，一部分失业工人和个体手工业者响应号召，纷纷组织起来筹建生产合作社。1951年11月，在蓬莱区成立了上海市第一木器生产合作社。1953年年底，有7家木器生产合作社先后成立。这时政府采取扶持政策，通过上海市贸易信托公司、上海市百货公司和国家机关团体的订购，家具行业状况有所好转。因为红木家具生意清淡，所以大部分企业改营白木制品。1956年，有428家私营家具商店和24家私营木工作坊转为公私合营企业，归上海市第一商业局所属家用器具公司领导管理。木制家具行业中的个体手工业和小型作坊6 353人组成93家木器生产合作社（其中油漆加工合作社 10 家），归上海市手工业管理局所属上海市竹木用品生产合作联社领导管理。

在中华人民共和国成立之后相当长的一段时间里，市场上的家具品种比较单一，当时以单件家具为主，有床、大衣柜、五斗橱、床边柜、台子和凳子等，对结婚人群成套供应的品种也比较简单，俗称"36 只脚"，即床、大衣柜等 5 个单件加 4 个凳子，共 36 只脚。由于木材按计划供应，因而家具产量有一定限制，供应偏紧，每年产量约在 50 万件。上海家具行业承担了国家重点建设工程、援外工程和特殊需要的配套家具的制造任务，钓鱼台国宾馆和援外大型建筑工程的许多重点配套家具都是由上海制造的。由于设计独特、制作精良，因而"上海家具"成了家喻户晓的产品。在 20 世纪 50 年代，中央工艺美术学院在《装饰》杂志上曾经以图文并茂的形式介绍过捷克斯洛伐克的现代家具设计，即以板材为基本材料的板式家具设计。这些介绍给家具行业的设计师留下了深刻的印象，后来将这种样式称为捷克式，这种称呼一直延续到 20 世纪 80 年代。

1964 年，上海家具研究所对德国进口的以刨花板为主要材料的板式家具进行研究分析。1965 年，研制出板式家具的样品，在上海徐汇木器厂和人民木器厂加工制造大衣柜和五斗橱，在简化工序等方面取得了很好的效果。之后，上海家具行业逐步改变了复杂的框架式卯榫结构的生产，开始向板式家具方向发展。但这种改变只是局限在加工工艺的层面，并没有彻底改变传统家具的形态。

国家为了支持发展家具生产、减轻企业负担和稳定物价，从 1973 年起对供应制造家具的木材实行国家财政补贴的办法，即木材提价由国家财政部分补贴，直至 1987 年取消。20 世纪 70 年代，因为人口大量增加，到达结婚年龄的人增多，并且部分居民的住房状况得到了改善，所以家具需求量也随之逐年攀升。为了满足市场需求，上海曾经试行"按产品分工"，实行"一厂一品"的做法，以便提高生产率，增加供给。1984 年，上海市家具公司木制家具产量达 92 万件，创造了历史最高的产量纪录。但是，这种按产品、按厂分工生产的做法带来了产品质量下降、品种减少等问题，导致消费者没有挑选的余地。至 20 世纪 80 年代，这种"大分工"带来的问题日益严重，已经不能适应市场需求的变化，所以不得不面向市场，恢复以销定产。

同时，现代家具设计、工艺研究和试制全面开创了"新板式家具"的时代。这不仅使"上海家具"品牌再度崛起，而且通过示范性的制造、展示以及行业内的技术交流，在全国范围内引领了一次设计思想的"洗礼"，现代主义的设计理念被重新确立。

第二节　经典设计

20 世纪 60 年代后期，在家具行业中开始推广板式结构，试制蜂窝板、空心板等新型材料，改变传统的框架式卯榫结构，减少部分工序。1976 年，上海家具研究所的黄法泉在家具部件实行三化（标准化、系列化和通用化）的基础上，采用先油漆、后组装的工艺，使板式家具得到进一步发展。复杂的家具结构被改变成若干板块、连接件，部件可以互换，造型也可以变化，这为家具的大规模、机械化生产打下了基础。1981 年，瞿明根据国际流行的板式家具工艺，研制成功用刨花板生产家具，采用贴面装饰，经过加工、封边、钻眼、开槽、装预埋件和贴编号等工序，装配成家具，之后还可以拆卸再组装，方便运输。1988 年，黄河家具厂在此基础上进一步改进，批量生产了这种自装配家具。

从设计角度来看，板式家具是就其制造技术而言的称呼，一些单体的板式家具经过设计组合，能够实现高效利用储存空间的目的，同时还可以借此分割各个功能空间，使之符合使用者的生活需求。因此，设计家具时，首先要了解人体活动的尺度，了解人在使用过程中的特点以及人对使用功能的要求等，然后再根据这些信息去综合考虑，同时还要了解使用者的个性。

家具使用功能的设计与人体活动的尺度有着十分密切的关系。要满足人对家具使用功能的要求，就必须充分了解并准确掌握人体活动的尺度，根据其对家具使用功能的影响进行设计构思。例如，设计办公桌必须根据人体坐姿的坐位基准点，以桌椅高差加椅面高度来计算桌面的高度；以人体肩关节为轴心，以上肢长度为半径，根据其旋转的幅度范围来计算桌面的长度和宽度。

第四章　板式组合家具

119

　　人在使用家具时，其各部分的动作是按照一定的顺序或路线进行的。例如，在设计书柜的时候，考虑到拿取的方便性，应该将经常取阅的书刊资料的存放位置设计在中上侧，而且可以设计玻璃门；不经常取阅的书刊资料的存放位置可以考虑设

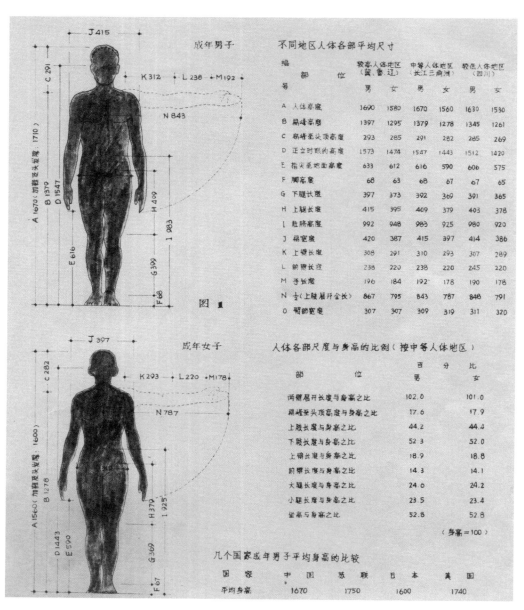

图 4-1　人体基本尺度

计在书柜的下侧，不设计玻璃门。设计师对储存物品的相关尺寸也应该了如指掌。上海家具研究所的板式家具项目研究报告中有相关内容记载。

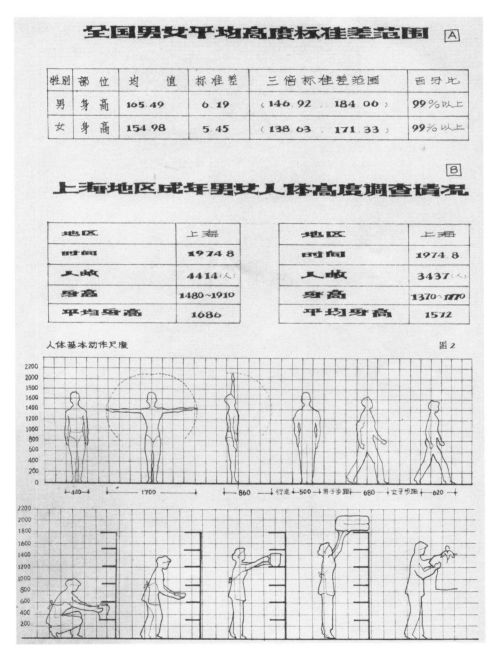

图 4-2　人体高度与基本动作尺度

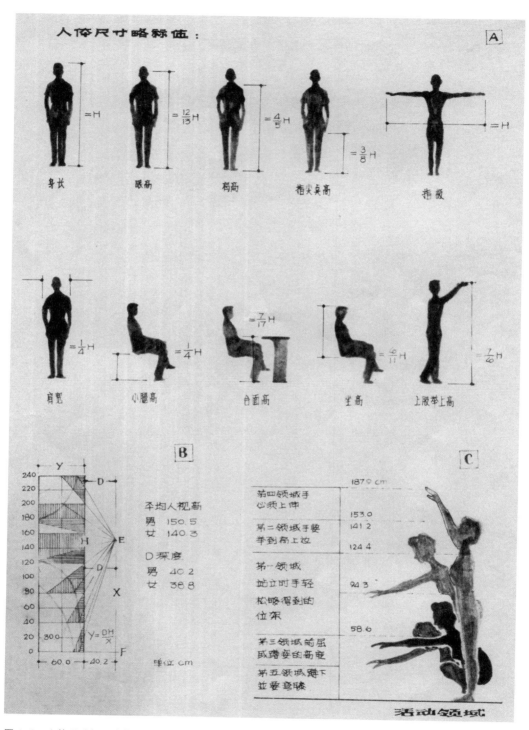

图 4-3　人体尺寸与活动范围

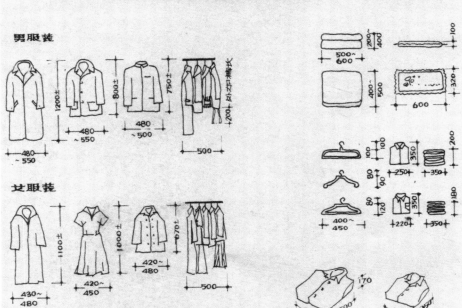

衣裤被褥规格尺寸

男服装

女服装

中国服装长度规格系列尺寸标准　　（1980年）

名称	男中山装与军便装（5.3系列）	男西装裤（5.2系列）	女军便领两用衫（5.3系列）	女衬衫（5.3系列）	女西装裤（5.2系列）
衣裤长规格系列尺寸（单位：毫米）	660	920	600	560	880
	680	950	620	580	910
	700	980	640	600	940
	720	1010	660	620	970
	740	1040	680	640	1000
	760	1070	700	660	1030
	780	1100	720	680	1060
	800	1130	740	700	1090

图 4-4　储存物品的规格尺寸

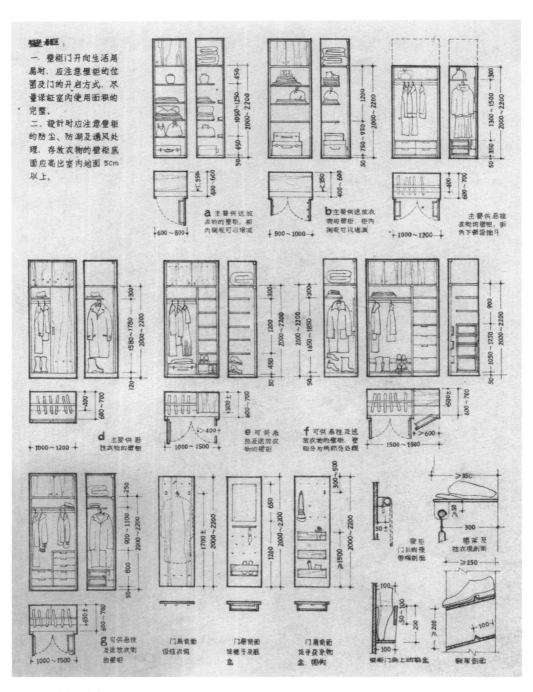

图 4-5　壁柜的规格尺寸

在日常生活中，由于社会地位、文化、气质以及个性的不同，人们对相同类型的家具在使用功能的要求上也不尽相同。例如，普通工人使用的写字台与科技人员使用的写字台，其使用要求和使用方法就有可能存在差异。

在上述条件下，可以根据形式美的原则，对整套家具的形象进行构思，即便是几何形态的造型也能够表现出独特的风格，其中的重要设计因素是比例。比例主要指家具整体与局部之间实际尺度相互对比的关系，这种对比与家具本身的功能、内容、技术条件以及各人的审美观念等有着密切的联系。因此在构思家具的形象时，应力求高矮匀称、宽窄适宜，使形象的总体与各部分之间，或局部的长、宽、高之间产生和谐之美。获得这种良好比例的办法是运用一系列的小型透视草图进行推敲，然后不断进行调整，直至最后找到一种优美和谐的比例为止。

一般来说，在家具的识别性构思中，空间形式必须追随功能。例如，存放被褥的空间通常应该是封闭型的，而摆放视听设备的空间应该是开敞型的。恰如其分的空间形式对家具的形体设计会产生重大影响，在设计时可以利用组合板式家具打造具有实用性的空间。空间主要类型如下：

（1）通透型：是以柜架体构成或用板片围成的既有一定高度、宽度和深度，又前后或左右与外界空间贯通的非封闭型空间。主要用于陈设古玩、艺术品、书籍杂志等。

（2）开敞型：是以板材或其他材料围合而成的一面敞开的盒式空间。主要用于存放家用电器、常用书刊资料、视听设备等。

（3）隔透型：是以透明材料作为开敞型空间的启闭门扇，或作为横向滑动的移门，使被封闭的家具空间内部展现于视野之中。主要用于展示酒、工艺品等。

（4）封闭型：主要用于存放被褥、衣物以及生活中其他不宜敞开的物品等。

多种小体量的箱体，根据功能需要进行组合形式的任意调整与变换，就可以形成多种储存空间。这种设计是使室内空间发生质变的措施之一，能够使原来的空间形式转变成一种新的空间形式，使原来空间的容量、形态及功能等随之发生变化。

此外，利用虚像空间也十分重要。虚像空间是指通过反射体反射而产生的一种虚拟视幻空间。它利用磨光金属、玻璃、镜子或塑料等镜面材料做反射体，主要起到延伸空间、转移空间、调和空间的作用。例如，运用多面镜重叠空间的原理设计梳妆家具，就能通过其虚像空间的相互反射，人可面朝一方而观其四向；运用大面积平面镜的效果设计衣柜，就能使较大的实体空间显得轻快、活泼，同时人的视线能在此得到进一步的延伸，柜前空间与虚像空间相加可得更宽阔的空间。

在家具设计中，各部分的功能要求、结构安排以及肌理表现等都具有一定的渐变规律，这种规律是由设计构思所引发的一种视觉可见元素的重复。这种有规律的排列和重复变化，犹如乐曲中的韵律一样，给人一种优美和谐的感受。设计师应该善于使用家具各部分的空间关系以及块面、线条等形式的微妙变化进行设计构思，产生有机的美感，其中均衡与统一是需要重点考虑的问题。均衡是指视觉形象前后与左右各部之间的分量关系，是家具形体的重要特征之一，通常采用的设计方式有对称式（亦称规则式）与不对称式（亦称不规则式）两种。前者易产生严肃、庄重的感觉，后者易产生轻快、活泼的效果，因此均衡是家具形体产生和谐之美的基础。统一是指家具形体给人的视觉感受。对于任何一件家具的设计而言，如果块面布局混乱、形状相互冲突、同等或大小构件彼此各自为战，那么就会产生矫揉造作或杂乱无章的效果。完美的统一需要仔细地排列构件、精心地处理各种空间与块面的主次关系，以便使家具各部分之间和谐有序、变化统一。

罗无逸曾经提到，在市场上，我们会看到这样一些产品，它们为了追求单体家具的某种设计手法，有的将一种装饰线条反复在面板、横撑上多次使用，有的让一个母题性的构件在椅背板、嵌板上重复出现。这些貌似带有韵律感的调和手法，使人领会不到什么强烈的美感，甚至会起到相反的作用，分散人们的视觉感受，不能及时反映使用的特征。特别是在多种环境因素的影响下，不管采用何种陈设布局，整体效果都将是散漫、紊乱、缺乏表现力的。因此，构思一件家具，既要重视个体造型的简洁，又要顾及整体陈设的完美性。

20世纪80年代至90年代，一些家具设计师编制了许多内容涉及现代组合家具的资料，供大家参考。这类书虽然印制粗糙，但为必须自制家具的人提供了有价值的参考。当时中国较具规模的家具工厂的组合家具产量很低，许多产品首先要满足外贸的需要，市场上许多产品价格极高，交货期不能保证，还不一定能够符合家庭的特定需要，所以对于普通人来说，请木匠自制家具是比较现实的选择。这就会碰到家具设计的问题，所以上述有关组合家具的资料发挥了重要的作用。在这些资料中，除了有根据户型绘制的平面布置图、透视效果图以外，还有每一件家具制作的详细结构图、色彩搭配指导，以及国外板式组合家具使用的具体场景照片。想自制家具的人往往一边看着自己现实的生活空间，一边拿着参考资料与木匠商量制作工艺和成本，同时还畅想工程完成后的美好生活。但是这类设计有一个缺陷，在当时的户型中，厨房、卫生间的面积都偏小，厨卫设施工业化的程度极低，依靠手工制作的厨卫家具在使用寿命、可靠性以及功能实现方面有很大的问题。但无论如何，这都可以称为是一场涉及广泛人群的现代设计知识普及活动。

图 4-6　卧房成套组合家具设计方案

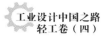
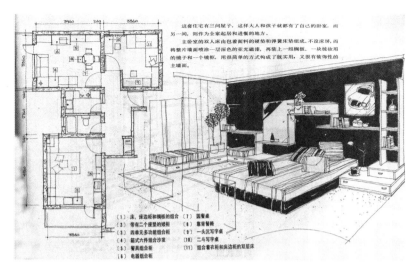

这套住宅有三间屋子，这样大人和孩子就都有了自己的卧室，而另一间，则作为全家起居和进餐的地方。

主卧室的双人床由着着面料的硬包和弹簧床垫组成。不设床屏，而将整片墙面喷涂一层深色的亚光磁漆，再装上一组橱板、一块梳妆用的镜子和一个镜框，用很简单的方式构成了既实用，又很有装饰性的主墙面。

〔1〕床、床边柜和橱板的组合　　〔7〕圆餐桌
〔2〕带有二个座垫的矮柜　　　　〔8〕靠背餐椅
〔3〕四单元多功能组合柜　　　　〔9〕一头沉写字桌
〔4〕箱式六件组合沙发　　　　　〔10〕二斗写字桌
〔5〕餐具组合柜　　　　　　　　〔11〕组合着衣柜和床边柜的双层床
〔6〕电器组合柜

图 4-7　沪住 5 型三室户平面布置及主卧室透视图

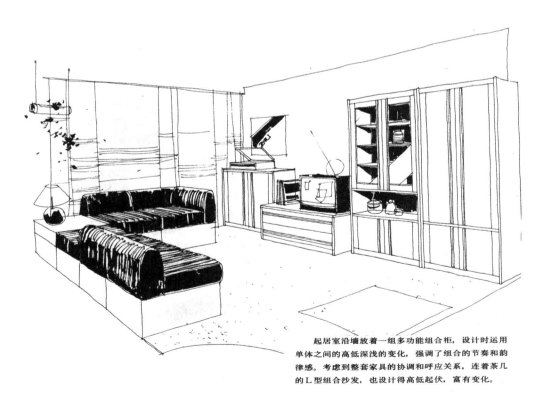

起居室沿墙放着一组多功能组合柜，设计时运用单体之间的高低深浅的变化，强调了组合的节奏和韵律感。考虑到整套家具的协调和呼应关系，连着茶几的 L 型组合沙发，也设计得高低起伏，富有变化。

图 4-8　沪住 5 型起居室室内透视图

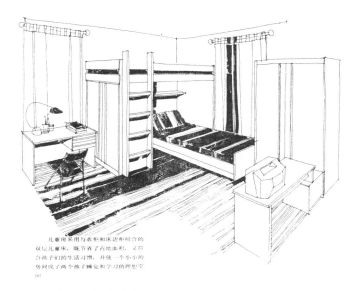

儿童房采用与衣柜和床边柜组合的
双层儿童床，既节省了占地面积，又符
合孩子们的生活习惯，并使一个小小的
房间成了两个孩子睡觉和学习的理想空
间

图 4-9　沪住 5 型儿童房室内透视图

家具拉手是家具的五金配件，主要注重功能的实用性。随着现代家具造型设计、家具生产工业化的不断发展，以及新材料、新工艺、新技术、新设备的出现，人们明确提出了以家具拉手的装饰作用来提高家具的艺术性。王小瑜曾经发表文章专门做介绍，所不同的是她没有从一般的美学意义上来讲，作为一名直接参与了板式组合家具开发设计研究的设计师，她对配件的需求表达得十分迫切。

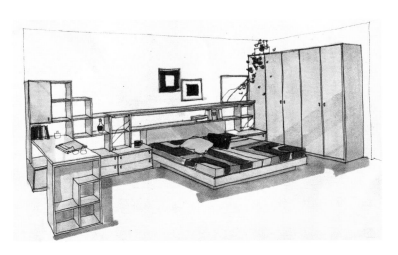

图 4-10　米色与绿色的搭配设计方案

王小瑜提到，家具拉手是具有实用性和装饰艺术性的家具五金配件，但其首要目的是满足使用要求。竖、横的线型拉手和各种不同造型的点状型拉手，还有凹型，以及拉环式等各种形式的拉手，可因家具造型设计的不同要求而异。但可以看到它们都具有共同的移、拉等使用功能。几乎每一个橱、柜、箱、屉等收纳空间都必须配备拉手。因此，在拉手的设计中，功能要求应是考虑的基本要素。

材料和工艺是设计拉手的物质和技术条件。家具五金配件的新材料、新工艺的不断出现对设计有着很大的影响。家具拉手在过去除部分使用铜材、钢材之外，基本都使用木材，在装饰上用手工雕刻一些简单的线条。有的木制拉手为了符合结构强度不可避免地要制作得粗且宽大，其形式必然受到限制。

科学技术的发展，新材料（如锌合金、塑料）、新工艺（如压铸、注塑、塑料电镀）的应用，以及新技术（如电脉冲、电火花加工）、新设备的出现，给设计和模具加工创造了有利条件，使家具五金配件的类型和式样焕然一新。家具拉手的装饰艺术性是设计中必须考虑的又一要素。因为家具拉手不仅具有使用性，而且可以成为家具造型的一种装饰，直接影响家具设计的表现，所以在家具设计中恰当地使用不同造型的拉手并在立面处理上充分利用其装饰性则可以丰富家具的立面变化，使家具取得更为显著的艺术效果以达到画龙点睛的目的。在具体处理上，因为拉手主要装于家具立面，拉手与立面形成的阴影和色彩、材质对比都直接影响家具的装饰效果，所以在拉手装饰设计上一般都可从正面去处理。例如，光和阴影可以带来深度、增强立体感，赋予家具立面丰富的视觉效果。此外，在家具拉手的色彩和材质对比上，从直观和使用两个方面，在设计时都应很好地加以运用。因为现代家具造型设计趋于简练，所以在设计中切不可过于追求雕饰，而应从简练的形态中求雅致，使拉手造型流畅、挺拔。

家具拉手最常见的形态有点状和线状两大类，其余是它们的变形或组合形式。

点状一般认为是圆形的，但菱形及其他不规则的形状也可以。点状型拉手的装饰特点是具有向心感，点在面上，注意力就集中在点上了，并且同样大小的点，亮的看上去大，暗的看上去小。

线状大致可以分为直线型和曲线型两种。直线型拉手可以分为垂直、水平、倾斜三种形式。垂直直线型拉手具有上升感和端正感，水平直线型拉手具有平稳感，而倾斜直线型拉手具有运动感和变化感。

家具拉手的长短、大小不能单纯以拉手的比例来衡量。因为有时一只拉手单独看还不错，但装在家具立面上或成组装在一个平面上（如抽屉拉手），很可能就不成功，在线与面处理方面不协调，所以家具拉手和家具的尺度以及人体尺度是相互关联的。

另外，家具拉手的比例还必须根据家具的具体情况来决定，切不可绝对化。拉手是家具设计不可分割的组成部分，当时很多家具五金配件是以建筑五金配件来代替的，所以想要提高现代家具造型设计的水平，发展家具五金配件就显得十分迫切和重要。对家具五金配件进行系统地研究和探索，已经超出了家具设计而进入产品设计的范畴了。当时可以订阅的国外设计杂志上经常会刊登一些家具拉手的设计，多数是一件完整的产品，是一些著名建筑师、产品设计师的力作，体现的是观念、技术、材料、市场等各种要素的集合与平衡。

为了提高居住面积的利用率，保证小面积居室的舒适度，家具摆脱了笨重的体量，并且降低了高度。一些高大的衣橱、杂物柜等被小型橱柜、组合柜、悬挂柜、壁柜所代替，桌椅的高度也在降低，这大大改善了小面积居室的空间感，使空间显得格外宽敞。组合家具讲求空间利用的实效性，使用经过合理设计的家具不仅能有效利用室内空间，使家具布置更为合理、紧凑，同时也能为陈设提供灵活多变的空间，有利于获得较为集中的活动场地。为了充分利用室内空间，还可以更多地从家具的空间利用方面挖掘潜力，例如，将柜门做成翻板的形式，放下来可以用作写字桌面或餐桌，或者采用各种巧妙的配件装置，做成可折叠的和可调节高度的椅子，以及各种拉桌、折叠桌和还原式餐桌等。这些多用式的家具，既减小了占地面积，又充分发挥了它们在空间中的作用。

当时中国人均居住面积很小，一张双人床、一张沙发就占据了很大的室内空间，而板式家具的诞生使家具的折叠及多功能使用成为可能，因此单件家具的多功能使用，以及床、沙发、桌子的收纳问题成为设计师在板式组合家具的设计过程中讨论

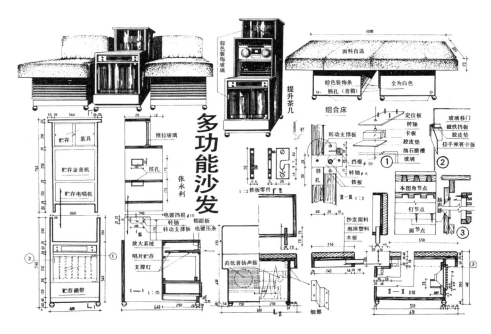

图 4-11　多功能沙发设计方案

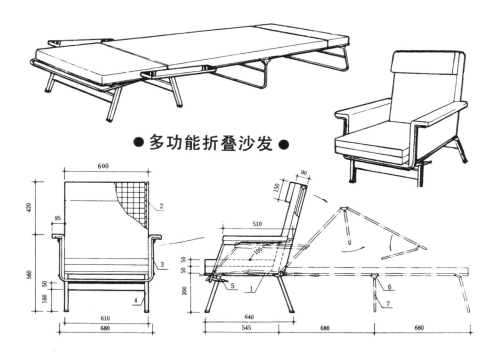

图 4-12　多功能折叠沙发设计方案

的重点内容。从理论上讲，这种折叠是可行的，也是合理的，但是在制造的时候会遇到两个问题：其一是这类折叠产品对于结构件的要求特别高，也特别复杂，有时简直就是需要一套完整的机械装置来支持设计；其二是这类折叠产品对于材料的要求也特别高，成本居高不下，不能完全实现设计构思。当时家具结构件非常短缺，并且几乎没有能力自主开发，各种检测技术水平也不高，所以在产品中实际应用的关于折叠、收纳的设计非常少，只多见于各种设计方案中。设计师认为这是一种探索，

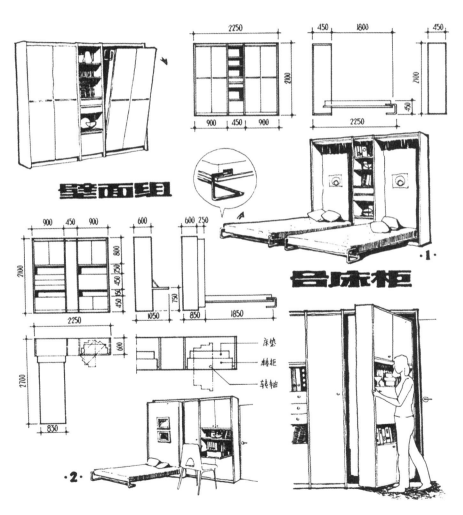

图4-13　壁面组合床柜设计方案

第四章　板式组合家具

133

也是一个发展方向。

板式组合家具自推出以来，最大的难点在于缺乏各种结构件及配件，进口国外专业生产的结构件、配件成本极高，因此虽然在产品整体造型上来看与国外产品大致相同，但是使用体验大相径庭。有阻尼的抽屉滑轨几乎很少采用，各种连接件的缺乏也使设计师设想的各种功能无法实现。当时的漆面处理工艺只能保证小面积的面板可以达到均质的要求，漆面材料的表现力有限，直到开发了聚氨酯漆才使产品的美观度得到了提升，同时也延长了产品的使用寿命。

第三节　工艺技术

板式组合家具的工艺技术主要集中在板材加工、五金连接件、配件、表面处理等方面。木纹可以提高家具外表的美观度，将带有各种木纹的优质木材切成薄皮，粘在胶合板上用作家具的表层，这一工艺是从西方国家传入的。薄皮和夹板等材料需从美国、加拿大、澳大利亚等地进口，有黑桃木、胡桃木等品种。中华人民共和国成立后，停止了薄皮进口，但薄皮胶贴工艺已在中式和西式家具生产中得到普及。1966 年，上海家具厂为了解决薄皮紧缺的难题，从意大利引进刨切机，采用水曲柳加工薄皮。1980 年，上海家具厂研制成功采用一般木材（楸木、桦木），经过染色和化学处理，制成人造楠木薄皮，并简化了油漆工艺，使生产薄皮的工序从 9 道减少到 2 道，工效提高 2.5 倍，且纹理清晰、表面一致、色泽鲜艳，进一步提高了家具的外表质量。

多层胶合弯曲木家具是 20 世纪 80 年代家具制作的新亮点，与传统实木弯曲工艺相比，具有造型优美、线条流畅、用材节约和工艺简单等优点。上海家具厂经过多年研究和试制（包括工艺和设备），于 1987 年建立多层胶合弯曲木家具生产车间，在家具制作方面开辟了一条新的路径。

随着家具工业的发展，家具产品日益丰富，产值、产量、质量和档次都有了不同程度的提高。但是胶合板供应不足，市场价格大幅上涨，使家具生产受到了影响。为了保护自然资源，东南亚各国限制了胶合板的生产与出口，而我国对胶合板等人造板的应用范围日益扩大，消耗量逐日增加，因此要稳步发展家具生产，就必须建设好国内家具基材生产基地，大力发展人造板生产，努力提高木材利用率，搞好木材综合利用，并因地制宜地发展非木质人造板的生产。对有条件的地区、部门和企业，发展人造板基材生产是必由之路。生产人造板的道路也十分广阔：林区可以生产，平原也能生产；沿海可以发展，内地也能发展；木质材料可以应用，非木质材料也能应用。一个省市、一个企业只要有可靠的基材生产基地，就能在家具市场竞争中立于不败之地。

胶合板是应用较广的人造板材，具有幅面大、外形美观、形状稳定、强度较高、加工性能好等优点，是理想的家具用材。胶合板还可以异形胶压，生产曲线和曲面家具。但是胶合板对树种和材质要求较高，在有条件的地方可以优先发展。

刨花板是以木材或木材加工剩余物为原料制成刨花（即碎料），并与胶黏剂混合，在一定温度和压力下压制而成的人造板材。刨花板具有幅面大、板面平滑、加工性能好等优点，而且价格低廉，也是广泛应用的家具用材。

将木质刨花与氨基甲酸酯泡沫塑料混合，在加速剂和发泡剂的作用下聚合压制而成的泡沫人造板克服了普通刨花板密度大的缺点，具有强度高、重量轻、吸湿性小、尺寸稳定等优点，是更为理想的家具用材。

刨花板也可以用竹片碎料生产，其强度比木质刨花板更高。刨花板既可以直接加工成板式部件，也可以先加工成芯层框架，然后胶压成双包镶板件，还可以一次模压成家具零部件。

纤维板是以木质纤维为原料，并利用本身固有的胶黏性压制而成的一种人造板材，其中中密度纤维板在家具生产中应用最为广泛。20 世纪 50 年代初，中密度纤维板首创于美国，之后逐步引起世界各国的重视并得以发展。我国中密度纤维板的生产起步较晚。1982 年，株洲木材厂开始生产。至 1987 年年初，我国发展到 10 个厂家，年产量可达 24 万 m^3。至 1990 年，我国发展到 24 个厂家，年产量可达 44 万 m^3。中密度纤维板是利用木质纤维与脲醛树脂为原料加工而成的一种近似于木材、某些性能又优于木材的新型人造板。中密度纤维板具有密度适中、刚性好、强度高、性能稳定、表面光滑、结构均匀细密、边缘牢固、厚度规则、便于开榫铣型等优点，是一种理想的家具用材。

中密度纤维板既可以湿法生产，也可以干法生产。湿法板为一面光滑，干法板为两面光滑。干法生产率高，产品加工性能好，湿法生产可以实现较小的密度且不影响强度。中密度纤维板既可以用木质纤维为原料，也可以用非木质原料生产，例如，北方有亚麻秆、葵花籽壳和棉秆，南方有甘蔗渣、芦苇秆和剑麻等。用非木质原料生产的纤维板可以达到与用木质纤维为原料的同等的加工性能与强度。中密度纤维板可以一次模压成深浮雕的家具装饰部件，用它生产的仿古雕刻家具也颇为昂贵。中密度纤维板可以直接采用普通木工机械进行锯、铣、磨、削、浅雕等多种工艺加工，还可以用圆棒榫、木螺丝和各种五金连接件进行组合安装。它的表面装饰性能好，微薄木单板、PVC 装饰板、RVC 装饰薄膜、各种油漆等材料均可使用。淋涂、喷涂、印刷、涂刷等适用于木材表面的涂装工艺同样也适用于中密度纤维板。

中密度纤维板已经成为室内装饰和家具行业的重要用材之一，针对中密度纤维板的使用特点研制的金属连接件、表面装饰加工材料及方法扩大了它的使用范围并提高了它的装饰效果。中密度纤维板可以被切割成任意形状，家具行业可以充分利用板材的这一特点制作出各种形式的组合家具，其造型丰富、装饰效果好，并且可以大幅降低劳动强度及生产成本。中密度纤维板在室内装饰行业的用处更大，对于室内隔墙、墙面、吊顶、门面等部位的装修来说，它都是很好的材料。因为中密度纤维板是一种人造板，所以它与天然木材仍有一些不同之处，需要在使用过程中加以注意。

（1）中密度纤维板的双面都经过砂光处理，表面平整光滑，使用时只需用细砂纸轻轻去除表面污痕就可以进行涂饰。不宜用粗砂纸过度砂磨，否则不仅不能将表面砂光，还会适得其反，造成板面发毛，不利于表面涂饰。

（2）中密度纤维板在油漆时，应首先用油性泥子满刮一遍，然后砂光油漆。不能使用水性泥子，因为水会将表面的纤维泡起，直接影响涂饰效果。

（3）中密度纤维板中存在少量的游离甲醛，会慢慢散发出微量的甲醛气体。这种气体虽有一定的防虫作用，但对人的眼睛和上呼吸道黏膜有刺激性。在使用时，应对不需要进行表面装饰的部分进行封闭处理。封闭的方法很简单，用中低档色漆或清漆涂刷两遍即可。

（4）用木螺钉连接的中密度纤维板家具一般只能拆装一次。如果拆装次数多，连接处的螺孔就会松动，缩短家具的使用寿命。制作可拆装的组合家具应采用空心螺栓连接件或圆柱螺母连接件，这样可以增强连接强度。

细木工板也是家具行业常用的人造板材之一。细木工板是指用小木条纵横拼接成芯料，两面各胶压纵横两层单板的板材，是一种特殊结构的胶合板。细木工板还泛指各种空心板材，称为空心细木工板，一般是根据家具部件的规格分别加工。

高级家具以实木制作为主，对树种和材质要求较高，因自然原料日益减少而售

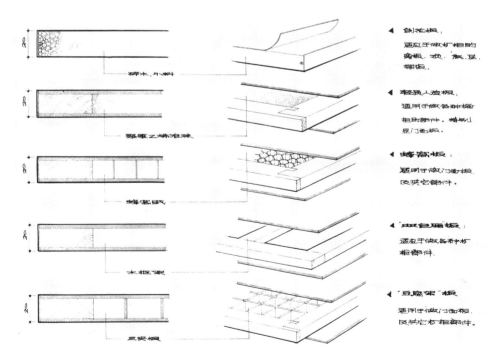

图 4-14　各种板材结构及主要用途

价昂贵。为了生产高级家具，还可以对一般木材进行改良，使用注塑工艺可以达到这一效果。注塑工艺是以乙烯单体或混合单体浸注木材，使其充满木材孔隙，然后经放射线照射聚合而成一种木质塑料复合体，称为塑合木。塑合木具有密度大、尺寸稳定、不开裂、不变形、加工方便等优点，可以根据需要加工成不同颜色，是生产高级家具和雕刻工艺家具的优质材料。

此外，可以应用各种合成树脂原料，采用浇注、模压、挤出、真空成型等工艺生产各类家具结构件和装饰件，实现部分产品以塑代木，这也是家具原料生产的发

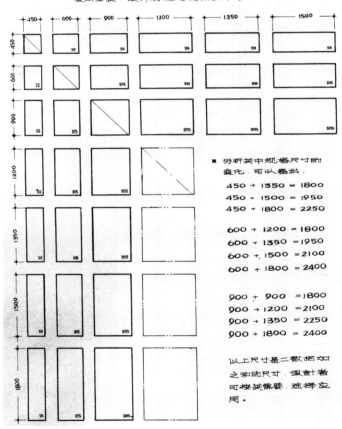

图 4-15　按照 3 模数系列划分的常用柜类家具规格尺寸

展途径之一。各种板材的使用特性以及加工利用的尺度在上海家具研究所的研究报告中曾有详细记载。

1970年，上海市竹木用品工业公司决定让其所属的胜利木棉厂转产家具五金配件，更名为上海家具五金配件厂，首先投产的是锌合金家具拉手。1975年，上海家具五金配件厂与新光力车配件厂合并成立上海家具五金厂，专业研究和生产家具所需的各类五金配件。1976年，轻工业部在该厂投资58万元，并将其确定为轻工业部家具五金配件定点厂。初期产品只有镀铜、镀镍和镀铬的各种拉手，品种约有30个。之后对板式家具所需的连接件进行研制，成功生产了对接式、旋转式、尼龙胀开式、五牙倒刺式、偏心式和角尺式等10多种板式家具连接件。1986年，上海家具五金厂研制成功国内首创的柜门弹簧暗铰链，有镀锌与镀铜、镍两种，柜门沿轴开启的最大角度为90°与180°。当柜门开启到60°与150°时，能自行开启到90°与180°；当柜门关闭到30°时，具有自行关闭和锁合的功能。该产品适用于各类中高档家具。20世纪80年代末，上海家具五金厂已经具有拉手、锁合装置、铰链、装饰件、滑动件、转动件、挂插件、紧固件和其他五金件共9大类200多个品种。表面装饰有镀锌、镀铜、镀镍、镀铬、镀古铜、镶嵌和点漆等工艺。1990年，上海家具五金厂又开发出以锌合金为基材、表面喷塑的拉手，通过手指触摸传递启闭力。

家具五金配件的生产可以分为产品成型和表面处理两大部分，其工艺设备与一般日用五金行业相同。家具拉手采用压铸工艺。柜门弹簧暗铰链的工艺较多且复杂，需先制成各部件，如门板固定座、长/短活络板、连接套、旁板固定座、扭转弹簧、U型锁、铆钉等，然后装配而成。自20世纪70年代中期以来，家具厂加快了添置各类设备的速度，其中有冷室压铸机、热室压铸机、开式双柱可倾压力机、电脉冲和线切割机床等。20世纪90年代，建成了静电粉末喷涂流水线。

20世纪70年代末期，部分家具厂采用上海市家具研究所研制成功的木家具光敏漆（又名光固化漆），这种漆涂在家具上2～5分钟之后，漆膜就可以变干。1984年，上海市家具研究所的唐述华等人研制成功木家具水性涂料，该涂料具有无气味、无有机溶剂挥发毒性的优点。20世纪80年代中后期，家具表面除了不断改进涂料之外，还采用了各种装饰材料，如聚氯乙烯贴面、凹凸型真空吸塑表面和热烫印箔等。1983 年至 1986 年，上海家具厂、上海华东木器厂和利民家具厂等 11 家工厂先后从意大利、德国和日本引进各类木工设备。1986 年之后，引进 4 条生产流水线，包括上海家具厂的多层胶合弯曲木生产流水线、黄河家具厂的自装配家具生产流水线，以及解放

表一

				板 式 柜 类 家 具 旁 板、顶 板、底 板 类 价 格 表				
序号	规 格 (mm)	1m²净	刨花板 (单元价)	木纹印刷 (元)	无纺布塑贴 (双面)(元)	塑料贴面 (双面)(元)	油 漆 (元)
1	1000 × 1000	1	8元	14元	22元	22元	14元
2	300 × 350	0.1050	0.84	1.47	2.31	2.31	1.47
3	450 × 350	0.1575	1.26	2.21	3.47	3.47	2.21
4	600 × 350	0.21	1.68	2.94	4.62	4.62	2.94
5	750 × 350	0.2625	2.10	3.68	5.78	5.78	3.68
6	900 × 350	0.315	2.52	4.41	6.93	6.93	4.41
7	1050 × 350	0.3675	2.94	5.15	8.09	8.09	5.15
8	1200 × 350	0.42	3.36	5.88	9.24	9.24	5.88
9	1350 × 350	0.4725	3.78	6.62	10.40	10.40	6.62
10	1500 × 350	0.525	4.20	7.35	11.55	11.55	7.35
11	1650 × 350	0.5775	4.62	8.09	12.71	12.71	8.09
12	1800 × 350	0.63	5.04	8.82	13.86	13.86	8.82
13	300 × 450	0.135	1.08	1.89	2.97	2.97	1.89
14	450 × 450	0.2025	1.62	2.84	4.46	4.46	2.84
15	600 × 450	0.27	2.16	3.78	5.94	5.94	3.78
16	750 × 450	0.3375	2.70	4.73	7.43	7.43	4.73
17	900 × 450	0.405	3.24	5.67	8.91	8.91	5.67
18	1050 × 450	0.4725	3.78	6.62	10.40	10.40	6.62
19	1200 × 450	0.54	4.32	7.56	11.88	11.88	7.56
20	1350 × 450	0.6075	4.86	8.51	13.37	13.37	8.51
21	1500 × 450	0.675	5.40	9.45	14.85	14.85	9.45
22	1650 × 450	0.7425	5.94	10.40	16.34	16.34	10.40
23	1800 × 450	0.81	6.48	11.34	17.82	17.82	11.34

注：以上表面装饰价格均包括刨花板价格

图 4-16　板式柜类家具旁板、顶板、底板类价格表表一

家具厂和中华家具厂的2条板式家具生产流水线。此外，上海木器厂从德国引进了木材真空干燥设备，使木材干燥有了保证。

上海家具研究所不仅完成了对板式家具设计及制造工艺的研究，还对产品的成本进行了精确的计算，以此作为设计、生产、销售核算的依据。

板 式 柜 类 家 具 旁 板、顶 板、底 板 类 价 格 表

序号	规 格 (mm)	1m²(净)	刨花板 (单元价)	木纹印刷 (元)	无纺布塑贴 (双元面)	塑料贴面 (双元面)	油 漆 (元)
24	300×570	0.171	1.37	2.39	3.76	3.76	2.39
25	450×570	0.2565	2.05	3.59	5.64	5.64	3.59
26	600×570	0.342	2.75	4.79	7.52	7.52	4.79
27	750×570	0.4275	3.42	5.99	9.41	9.41	5.99
28	900×570	0.513	4.10	7.18	11.29	11.29	7.18
29	1050×570	0.5985	4.79	8.38	13.17	13.17	8.38
30	1200×570	0.684	5.47	9.58	15.05	15.05	9.58
31	1350×570	0.7695	6.16	10.77	16.93	16.93	10.77
32	1500×570	0.855	6.84	11.97	18.81	18.81	11.97
33	1650×570	0.9405	7.52	13.17	20.69	20.69	13.17
34	1800×570	1.026	8.21	14.36	22.57	22.57	14.36

图4-17 板式柜类家具旁板、顶板、底板类价格表续表

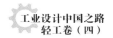

第四节　产品记忆

　　全国首届青年家具设计师经验交流会在《家具与生活》杂志社编辑部的组织与赞助下于 1985 年 11 月 7 日至 11 日在古城西安举行，来自北京、天津、上海、辽宁、河北、安徽、江苏、浙江、福建、河南、湖南、陕西、四川、云南等省市的 30 余名青年家具设计师出席了会议。中央工艺美术学院的罗无逸、中南林学院的胡景初、天津美术学院的熊照志、上海工艺美术学校的叶柏风等应邀到会指导。《家具与生活》杂志社的田颖、赵士荷等 12 位杂志社人员组织并出席会议。

　　会议采取自由发言、漫谈以及提问作答等形式，自始至终在轻松活跃的气氛中进行。与会青年家具设计师就自己在各种形式的家具设计竞赛中以及在经常性的设计工作中所取得的成绩与研究成果在会上做汇报，并向会议提交了自己的作品方案与论文。罗无逸回顾了我国家具设计专业的产生与发展的历史，阐述了家具设计的性质、范畴与方法，并为青年家具设计师指出了努力的方向。会议就继承与创新的问题进行了广泛的讨论，与会人员认识到要处理好继承与创新的矛盾，要创造出有风格、有个性的作品，就必须加强自身的艺术修养，不断探索、总结、提高。会议分析了当时国内市场的特点和工厂面临的严峻形势，使青年家具设计师看到了由卖方市场转变为买方市场给家具企业带来的竞争与挑战，从而充分认识到自己在新产品开发中的责任和设计工作的现实意义。与会人员还针对设计中遇到的并且必须妥善处理的材料、结构、工艺、设备等问题交换了意见。天津美术学院的熊照志通过幻灯片向与会人员介绍了美国艺术院校工业设计专业的教育现状，上海工艺美术学校的叶柏风向与会人员介绍了现代家具设计的几个问题并制作了幻灯片，内容来自国外的板式家具设计实例以及上海家具研究所、工厂制造的样板产品，其中有一部分是出口产品，相对而言品质比较高，设计理念也比较领先。

为了保持长期联系，促进交流与合作，与会的青年家具设计师一致希望《家具与生活》杂志社能将家具设计竞赛经常化，以便发现人才、培养人才和合理使用人才；能将这种设计经验交流会经常化、多样化，聘请有关院校教师作为会议指导，并在适当的时机将这一活动变成青年设计师的经常性活动；能开辟青年家具设计师园地，作为设计师发表新作品与新见解的地方。部分基层厂的青年家具设计人员希望《家具与生活》杂志社能与有关高等院校联系，为他们学习深造提供机会和创造条件。与会人员建议在与《家具与生活》杂志社出版计划相结合的基础上成立青年家具设计师丛书编委会，编委会全部由青年设计师组成，邀请专家组成审校委员会。《家具与生活》杂志社经过认真讨论，接受了青年家具设计师的上述建议，并在会后积极筹备相关工作。此外，《家具与生活》杂志社还宣布在 1986 年设立奖学金，奖励在校学习家具专业的优秀学生，并资助自学成才的青年家具设计人员进一步深造。

通过这次会议，与会人员加深了了解，交流了信息，建立了友谊。田颖郑重地对青年设计师说："这次会议是我国家具行业中的一件大事，是前所未有的，希望大家能够利用这次机会广泛交流经验、互通信息、互相学习、共同提高。家具行业发生了巨大变化，企业、个体生产厂家如雨后春笋一般涌现。就以陕西的一个县来说，先后涌现出了 200 多个从事家具生产的厂家。这一现象说明市场对家具的需求越来越多了，家具行业突飞猛进的时刻到来了。但同时也应当清醒地认识到，家具市场的主动权已由卖方转向买方，形成了市场引导生产、调节生产的局面，消费者的需要是企业生存与发展的保证。同时还应当看到，由于新设备的引进和新材料的出现，以及人们审美意识的改变，消费者对家具造型也越来越挑别。也可以这样说，家具产品的竞争就是质量与造型的竞争。在中华民族几千年的文明发展史上，家具这门学科也为人类留下了宝贵的遗产，如明式家具的影响就具有国际性。但是我国的家具事业底子薄、发展慢，而且有史以来，从事这项职业的人员大多是工匠出身，中华人民共和国成立后这种现象虽然有所改变，但其发展还远远不能满足形势的需要。

我国从事家具行业的科技人员仅占本行业从业人员的 0.229%，这不能不引起我们的重视。我希望这次会议能起到一个承上启下的作用，希望我们的设计师认真总结经验、探讨未来，在继承我国优秀的家具传统遗产的同时，努力学习外国的先进经验，创造出具有中国特色的、美观实用的优秀作品来！"

天津美术学院的熊照志说："必须关心青年设计师们怎样进一步提高和走什么样的成才之路的问题。首先，青年设计师们都是有相关工作能力和经验的专业人员，要想进一步提高就不能满足于完成日常工作和搞一些一般性的设计，而是要努力学习新的知识，掌握新的设计方法，获得新的信息，使自己的思想走在市场和生产的前面。日本有位著名的设计家叫米德，他所设计的小汽车总是引导着世界车身设计的新潮流，其原因：一是他本人也是一位优秀的未来画派的画家，他所描画的人类在未来的外星探险中所使用的交通工具便是他设计的汽车的雏形。我想这种创造力和想象力的开发对于正在成熟过程中的青年设计师们来说是非常重要的。二是要向左右看。家具设计是一门边缘学科，是科学技术和艺术的融合，因此做家具设计的人在学习上就不能单一，眼界要宽一点，知识面要广一点。那些与家具设计有直接关系的，如材料、工艺、表现手法、形式法则、人体工程学等诸多因素是我们在设计过程中会经常用到的。但是那些与家具设计有间接关系的，如艺术史、心理学、对各种不同家具使用者的了解、对生产管理和市场情况的了解等，我们也应当掌握。此外，其他各类知识对陶冶情操、开阔眼界也都是非常有好处的。一个建筑只有基础雄厚，它的本身才是可靠的。对于造就一个人才来说，其道理也是同样的。三是向外看，一种家具风格不是孤立存在的，而是需要继承和借鉴的。我们在继承自己的优秀传统的同时也要向外国学习，特别是我国现代民用家具的风格受国外家具的影响较大，这就要求家具设计师们最好能掌握一门或几门外语，以便能迅速而准确地获得最新信息、了解最新技术，从而提高我们的设计水平。"

北京木箱厂的龚小纲将自己的五年设计实践进行了总结，并且希望能得到系统的学习，把感性知识上升到理性层面，但由于各种原因始终未能如愿。他说："家具设计当然应以家具为主，包括合理而准确的结构设计，以及具有广泛适应性的价格设计等。除此之外，形体设计同样至关重要，它是各种环境对各种家具形式提出的不同需要。随着人们对环境的要求愈来愈高，家具设计的领域也愈来愈广泛，为家具而家具的设计肯定是短命的。在这些概念的引导下，除了在日常工作中对家具的结构设计精益求精之外，我还把眼光放到了更广泛的领域。这就好像一部影片的导演，除了需要注意演员的选择和表演之外，一切与主题相关的摄影、道具、化妆、光线、音响、内景、外景都要严格选择。我用速写本记录下建筑、器具、图案、雕塑、绘画、人物、灯具、车辆、服装、色彩以及各种不同人物类型的各种偏爱、生活习惯等，这一切大大丰富了我的思路，使我开始用不同的物布置不同的环境，同时在这些物中汲取有益的营养。实践告诉我，家具设计师在'导演'时，开阔的思路、敏捷的分析、大胆的选择是取得成功的最好手段。"

在当时发行的涉及板式组合家具设计的杂志中，大量刊登了青年设计师们的设计方案。有一些杂志专门以一个家庭为对象介绍家具设计，例如，我国著名的音乐指挥家、芭蕾舞演员、足球教练、东方歌舞团演员、中央人民广播电台播音员等家庭使用的板式组合家具，似乎是想以这些人的表率作用来引导消费者改变消费观念，当然也有想以此吸引读者的想法。在那个时期，重新追求现代化、合理性是一个总体趋势，也是板式组合家具设计带来的普适价值深入人心的契机，所以当时准备结婚的年轻人的任务之一是根据自己住房的实际情况制作一套板式组合家具。从买原材料开始到设计到请木匠，再到购买硝基漆以及各种辅料、配件，年轻人忙得不亦乐乎，有一些年轻人还自己动手制作家具表面的漆饰。凡是使用透明硝基漆的称为"半蜡克"，而使用有色彩的称为"全蜡克"。前者需要使用比较好的水曲柳三合板作为表面材料，其工艺处理也要精致一些，要保留纹理。在制作过程中，单位同事、朋友都会来出主意、帮忙干活。各设计领域的专职设计师往往能够请到家具厂、家具研究所的设计师来操刀设计，那一定能够增加空间利用的合理性，在产品形式感方面也会有不俗的表现。设计师朱仲德曾经为同学设计了一套书房家具，使之能够合理地收纳各种书籍和资料，还有空间可以伏案工作，在当时成为经典之作。上海工艺美术学校的罗兴在年轻时受到包豪斯产品和设计理念的影响，在家里一直使用包豪斯的家具，最有趣的是他为三个女儿分别设计了三套色彩各异的板式组合家具供结婚使用。在基本造型并没有太大差异的情况下，他分别使用粉绿色、粉蓝色、粉紫色，由他指导工人制作。考虑到小孩在面积不大的室内玩耍的安全问题，他设计了暗把手，即在面板的下方开一个凹槽，用以开启。类似这样的设计方式持续到20世纪90年代中期，随着成规模的家具工厂的技术体系逐步完善，特别是在引进了关键制造设备以后，产品可以大批量生产了，请木匠制作家具才逐步成为历史。

第五章 儿童玩具

第一节 历史背景

　　中国的民间玩具就地取材、制作简单、价格低廉，具有浓厚的乡土气息，颇受儿童喜爱。上海曾是"冒险家的乐园"，也是劳动群众谋生机遇较多的大码头，许多来自苏、浙、皖、闽、粤等地的小商贩和手工业者怀有一技之长，以泥、木、竹、草、布、纸等为材料，制作小笛、龙刀、龙枪、"野狐狸"（假面具）、陀螺、扯铃、竹蜻蜓、鸡毛毽子、万花筒、吹龙、纸风车、风筝、纸翻花、瓜皮纸球、小兔灯、草编虫鸟、泥人、布虎和货郎鼓等玩具，有的设摊销售，有的沿街叫卖，逢年过节生意颇佳。产销比较集中的地方是老城隍庙，后转移到位于当时法租界吕宋路的新城隍庙一带。后来，民间玩具的品种逐渐减少，有的被现代玩具所代替，有的虽保持原有造型，但采用塑料等新材料，仍有一定的销路。

　　中国近代玩具工业形成于20世纪初。鸦片战争之后，中国人发现西方设计的玩具原料奇特、造型新颖，远远领先于当时中国民间作坊造出来的传统玩具，于是意识到中国的民间玩具已跟不上世界的发展潮流和步伐。一批有远见的留学生选择来上海创办中国的近代玩具工厂。1910年，留日学生姜俊彦在大世界游乐场附近开办大中华工厂，生产赛璐珞玩具。1911年，范永盛玩具工厂开始利用铁皮角料和废旧饼干箱生产摇铃、铜鼓和小船等低档金属玩具。1920年，上海先施、永安等大公司为扩大业务，先后自行开办玩具厂，仿制英国进口的荡马、童车进行销售。1924年，焦衡康玩具厂生产扁铁三轮童车。1927年，商务印书馆员工陆杏初在虹口开办中国棋子玩具厂，雇工10余人，生产棋子、积木和六面画等产品。1928年，叶钟廷、叶翔廷兄弟在上海创建永和实业公司，生产永字牌橡胶皮球。1922年，留日学生项康原开办康元制罐厂（1958 年更名为康元玩具厂）。1934 年，康元制罐厂设立玩具部，以印铁设备的优势，利用边角料生产金属玩具，雇工 100 余人，成为全国规模最大的玩具制造厂。同年，康元制罐厂利用发条原理制作金属玩具"三跳"（跳鸡、跳鸭和跳蛙），风靡一时，行销全国，受到小学生们的普遍喜爱。1935 年，上海卫生工业社生产台式 8 音小钢琴。1936 年，中国著名幼儿教育专家陈鹤琴开办民众工业社，自行设计系列幼教玩具，开创了寓教于乐、启发智力的新型玩具的先河。之后，焦衡康、义兴昌、永义昌等 7 家配套作坊自立门户，生产同类玩具产品。

1937 年，康元制罐厂被炸毁，一批中小玩具厂先后倒闭。1949 年 5 月，上海有玩具厂约 30 家，从业人员 200 余人。中国历史上第一家国产金属玩具工厂是 1911 年创办于上海的范永盛玩具工厂，但是能够真正实现市场化批量生产的是康元玩具厂，它贯穿了中国铁皮玩具发展的每个阶段，不仅是铁皮玩具的领军企业，也是中国规模最大、生产玩具最多、影响面最广的玩具制造厂家。中华人民共和国成立后，政府对与儿童教育有关的玩具行业给予了高度重视。在陈鹤琴的建议下，中央有关领导邀请上海玩具行业的老前辈叶炳祥、邱志刚到北京，商讨发展幼教事业和玩具工业的有关问题。在政府的扶持下，一些玩具工厂迅速恢复生产。1953 年，在上海市工商联文教同业公会的领导下，建立了玩具大组，发展玩具生产。1956 年，个体手工业户和作坊组成 26 家玩具生产合作社，10 多家私营玩具厂实现公私合营，组成 7 家中心厂。1958 年，玩具被列为上海市轻工业重点发展行业之一，在裁并改组中将一部分任务量不足的企业划入玩具行业转产玩具：黎明火柴厂、大东烟厂和 109 厂（军工单位）的一个车间并入康元玩具厂；华懋口琴厂等单位合并成立上海玩具一厂；大东南烟草公司 1 800 人连人带厂转产电动玩具；蘸水笔中心厂 90 多人并入大华玩具厂等。

康元玩具厂、胜泰玩具厂先后研制成功惯性金属玩具，使金属玩具在静态、发条的基础上又前进了一步。此类产品包括惯性汽车、坦克和飞机等，曾出口到欧洲等地。1958 年，康元玩具厂推出设计新颖、工艺精致的电动敞篷汽车玩具。为了统一安排玩具行业的生产，改变当时的管理体制，上海市对区、县玩具工厂实行"五管"（管产、供、销、技术和质量）、"两不变"（企业隶属关系及所有制不变）、业务上统一归口的管理制度，将全市的玩具生产纳入国家计划。1959 年，19 家玩具生产合作社转为地方国营厂，各厂随后进行技术改造，用半机械化、半自动化设备代替手工操作。

1961 年，轻工业部在北京举办京、津、沪玩具展览会，中央领导前往参观并题词，这对玩具行业的鼓励很大。同年，上海接受古巴订货，约占全年玩具出口任务的三分之二。1962 年，古巴突然停止订货，导致出口大幅度下降，上海玩具生产再度滑坡，有三分之二的生产能力放空。在之后的 4 年中，工贸双方通过配合才重新打开了局面。1961 年至 1965 年，平均每年投产的新品种有 150 多个。1965 年 11 月，华远公司在香港举办中国玩具展览会，其中展出了上海生产的母子鸡、电动新闻照相汽车、回轮车、倒顺车和反映中国工业成就的万吨水压机以及小熊拍照等一批玩具新品种。1965 年，在上海胜德塑料厂的协助下，吹塑全身娃娃研制成功，塑料玩具的发展进入了新的阶段。

从玩具行业的配套协作情况来看，自 20 世纪 60 年代起，上海玩具行业投资 300 多万元用于提升配套生产能力，发展金属玩具生产，调整和建立上海玩具印铁印刷厂、

图 5-1　玩具设计师在上海第一百货商店向售货员了解玩具销售情况

上海玩具模具厂、上海玩具磁钢厂等一批玩具生产协作配套厂。1965 年 6 月 1 日，上海市儿童玩具工业公司成立，统一安排全市玩具生产，以金属玩具为主。1979 年 5 月，为了进一步提高玩具行业的产品质量以及应用新工艺和新材料，成立了上海市玩具研究所，并加快了玩具设计方面人才培养的步伐。各玩具厂为了满足市场需求纷纷设计新产品，设计师们经常深入各大百货商店了解情况，以便及时调整设计思路和生产计划。

20 世纪 70 年代末、80 年代初是以外贸为导向的玩具产品大发展的时期，行业内推广应用电子技术，设计生产了一批智能型玩具，如声控爬娃、遥控赛车、豪华型电子警车等新产品。为了扩大玩具的外销业务，进行以工业部门为主直接办理玩具进出口业务的试点，经上海市人民政府报请国务院批准，从 1980 年 1 月 1 日起实行产销体制改革，成立工贸合一的联合企业——上海玩具公司（对外亦称上海玩具进出口公司），它是当时全国范围内试办以工业部门为主经营进出口业务的工贸公司之一。1988 年 7 月，为了拓宽产品的出口渠道，从上海玩具公司划出部分人员和资金建立上海申华进出口有限公司，经营以布绒玩具和童车为主的进出口业务，同时代理上海市第二轻工业系统其他公司的进出口业务。20 世纪 80 年代，上海玩具行业根据国际市场的需求变化，调整产品结构，重点发展长毛绒玩具和塑料机动玩具。经过努力，大部分出口产品从第三世界国家进入北美、西欧等地区，部分木制玩具、厚铁皮玩具、锌合金玩具和长毛绒玩具达到国际水平。上海玩具公司于 1987 年获轻工业部出口创汇金龙腾飞奖。1980 年至 1990 年，全行业获市级以上质量奖 25 项，其中国家优质产品银质奖 1 项、轻工业部优质产品奖 20 项、上海市名牌产品奖 4 项。上海童车厂、上海玩具九厂被命名为国家二级企业。

1958 年，23 家娃娃（玩偶）生产合作社合并组成上海娃娃厂，成为娃娃玩具专业生产企业。1961 年，恢复生产民族娃娃系列，开始生产长毛绒动物玩具、可控硅电子产品。1966 年更名为上海玩具七厂。1971 年，恢复生产布绒玩具。自 1984 年开始，大量引进国外专用设备，产品销往英国、美国、新加坡、日本等国家。1995 年，产品品种达 200 余个，主要有长毛绒玩具、娃娃玩具等，生产长毛绒玩具 40 万打。

　　1958 年，上海市第二刻字生产合作社更名为上海塑料玩具制品厂。初期生产塑料图章、钢笔零件和塑料玩具水鸟、摇铃。1959 年，研制成功装有金属发条的塑料机动玩具。1961 年，专业生产塑料玩具。1967 年，更名为上海玩具十五厂。1982 年至 1984 年，引进国外先进模具和注塑设备。1986 年，两条玩具装配流水线建成投产。1995 年，产品品种达 1 000 余个，主要有布绒玩具、机动玩具等。

　　1990 年年底，玩具行业中有一支力量十分亮眼，即从 20 世纪 80 年代开始兴起的三资企业。除了广东、福建等沿海地区起步较早、产品进入全国市场外，上海也于 1984 年起相继成立了 10 余家三资玩具厂，玩具生产突破了行业分工的界限，向多元化发展，这虽然改变了上海玩具公司独家经营的格局，但上海玩具公司所属各厂仍然是上海玩具行业生产、科研和经营的骨干力量。1984 年，上海环球玩具有限公司由上海玩具进出口公司、上海市信托公司、上海市工商界爱国建设公司、中国银行上海市分行和香港环球玩具集团有限公司等单位合资创办。技术设备大多数从国外引进，年产锌合金微型汽车模型 2 000 万只，生产 MB 小车和 S–45 轨道车 2 类 15 种。20 世纪 90 年代初，生产 MB 小车、GT 小车、SP 跑车、TS 双速车、KS 车以及机器人等 6 类近 100 种款式的玩具车和 17 种飞机模型，80% 的产品出口。

　　1980 年至 1990 年，上海玩具公司所属各厂进行了不同程度的更新改造，投入资金 7 800 万元，引进国外先进设备 34 台（套），包括三坐标电脉冲加工机床、五色印刷机和电子分色仪等，消化、吸收和自制国内配套设备 3 679 台，其中金属切削机床 1 115 台、锻压设备 1 088 台、其他生产设备 1 476 台，用光控、声控、遥控、电子等新技术提高生产能力。1995 年，上海市有 125 家玩具厂，主要企业有康元玩具厂、上海玩具一厂（金属玩具）、曙光玩具厂（金属玩具）、上海童车厂、上海玩具七厂（布绒玩具）、上海玩具八厂（木制玩具）、上海玩具九厂（木制玩具）、上海玩具十五厂（木制玩具、塑料玩具）、上海环球玩具有限公司等。改革开放以来，中国对外贸易不断扩大，以出口为主的上海玩具行业的队伍发展很快，主要是区属工业和乡镇企业，品种以长毛绒玩具、塑料玩具和童车为主。

第二节　经典设计

玩具产品种类繁多，从设计角度来看，主要可以总结为以下几个发展方向。

（1）继承民间手工制作玩具思路的设计。20 世纪 50 年代初，娃娃类产品以家庭手工业为主，设计了汉族、满族、蒙古族、藏族、苗族等系列娃娃，造型颇具中国特色，用料和加工工艺精益求精，成为馈赠亲朋好友的礼品。之后还发展出毛绒和布绒玩具。

（2）发挥金属制造特色的设计。1956 年，金属玩具生产被纳入国家计划，产量和品种有所增加。1956 年，康元玩具厂成功研制出惯性金属玩具。1958 年，国内成功研制出电动金属玩具。1965 年，金属玩具产销两旺，产品逾千个，越野摩托车、超音速飞机、冒烟火车头、母鸡生蛋、宇宙飞船等产品具有较高的制作水平。

（3）基于新兴材料的设计。20 世纪 60 年代初，中国的塑料机动玩具大量出口到东南亚、东欧、非洲、中东、拉美等地区，以及法国、英国、荷兰等国家。康元玩具厂成功研制出以惯性和发条为动力的塑料玩具，主要产品有母子鸡、电动新闻照相汽车、回轮车、倒顺车、小熊拍照、万吨水压机等。之后，工厂推广应用电子技术，设计投产磁控狮子戏球、声控爬娃、音乐旅游车、开门警车等一批具有代表性的金属玩具新产品；加大力度开发塑料机动玩具，产品向中高档发展，电子机动波音 747 飞机、滑坡赛车、电动钓鱼游戏、电瓶摩托车、宇宙车、新闻汽车、吹气系列汽车等产品投放国内外市场。

（4）基于塑料的轻质玩具设计。1963 年，开发塑料薄膜充气玩具彩球。1965 年，成功研制出吹塑娃娃。

（5）功能性产品设计。上海童车生产厂家在国内率先采用铝合金、可发性聚乙烯、阻燃篷布等材料开发国际流行的儿童推车、儿童自行车、儿童越野车等系列产品，出口到欧美国家。20 世纪 80 年代末，开发高档充气胎学生车，带动童车行业产品升级换代，90 型组合系列童车具有可卧、可推、可当运输工具和安乐椅等多种功能。

在物质不丰富、玩具品种匮乏的年代，孩子拥有一件惯性玩具就像是拥有了一件奢侈品一样。在百货公司的玩具柜台里，中高档玩具当属上海生产的金属惯性车，其车身为厚铁皮冲压成型，外表面烤漆处理，这在当时已经是国内较高的工艺水平了。惯性玩具是机动玩具中机构最简单的一种，以玩具汽车居多。惯性汽车由惯性变速箱和外壳等主要部分组成，运动时要先将车轮着地，尤其是两个后轮，然后将汽车向前一推再放手，这时汽车就会向前驶去。惯性玩具的工作原理是由外力做功，使变速箱内飞轮旋转，依靠其旋转惯性贮藏一定能量，使玩具做出动作并延长玩具的运动时间。掌握玩耍技巧的孩子们，懂得一些窍门，还能比谁能使汽车跑得更远。不懂如何玩耍的孩子们，拿了惯性汽车在地上向前推，松手后汽车也不会向前走，这是由于没有对汽车做功，汽车的飞轮没有储备能量，汽车也就不会靠惯性向前运动。

20 世纪 80 年代初，铁皮玩具一直在中国玩具市场上占据主导地位。简单朴实又充满个性创意的造型设计、色彩鲜艳的印刷图案以及细腻的手感，使其成为一种具

图 5-2 惯性玩具之双层客车

图 5-3 惯性玩具之赛车

有中国特色的玩具。许多形态各异的铁皮玩具在上紧发条后能走会跳，因此成为当时较流行并深受孩子们喜爱的玩具。现在回看这类玩具，都会唤起经历过那个时代的人们对伴其成长的小玩具的美好回忆。铁皮玩具成本低，可以批量生产，并能够印上精美的图案，在塑料玩具还不能解决复杂图案的印刷问题之前，铁皮玩具几乎不可替代。

如果是车辆之类直线造型的铁皮玩具，一般可以在构思完成后制作石膏造型，即浇注一块长方体或正方体的石膏，然后逐步挖去不需要的部分，并雕刻出细部，这种造型刻画能力是设计师必须具备的。如果是人物、动物之类的铁皮玩具，可以采取制作泥塑的方法塑造出形态。两者都要分部件制作外部模具，这样才能生产。任何产品都有合模的问题，即一个完整的造型至少是由两片冲压件连接起来的，如果说车辆之类的产品可以根据车身、车顶的结构来设计连接点的话，在人物、动物脸部使用这种方法就会破坏美感，所以其头部采用的是搪塑工艺，又称涂凝成型。这是用塑料制造空心软质制品，模塑中空制品的一种工艺。在模塑时，将液体物料倒入开口的中空模具内，直至达到规定的容量。模具在装料前或装料后应进行加热，以便使液体物料在模具内壁变成凝胶。当凝胶达到预定厚度时，倒出过量的液体物料，并再行加热使之熔融，冷却后即可自模内剥出制品。常用的搪塑材料是聚氯乙

图 5-4　铁皮玩具之母鸡生蛋、欢乐小弟、三轮摩托车

烯，其色彩明亮，经过描绘装饰可以产生十分可爱的形象。铁皮玩具欢乐小弟就是
使用了这个工艺。欢乐小弟、小熊拍照、敲琴女孩的手臂部分需要活动，所以还设
计了布质连接，既模拟了日常生活中的情景，也解决了结构问题。小熊拍照的整体
设计是最复杂的，小熊会走动，停下来，举起照相机拍照，照相机的闪光灯会闪一下，
然后小熊继续行走，如此不断往复。小熊的服装设计也着实让设计师费了一番脑筋，
领结、西装背心都是印在铁皮上的，与衬衫部分恰当配合。红色的朝阳格与蓝色的
肥大的裤子形成了强烈的对比。小熊肥大的身躯造型十分可爱，同时也容纳了复杂
的结构。敲琴女孩使用红色作为主色调，头部造型是十足的洋娃娃，女孩整个身体
会转动，手持的琴棒会上下敲击，所有动作一气呵成。设计师将琴键设计成五颜六
色的效果，营造出视觉中心，这是为了吸引孩子们的注意力。这两件产品在设计方
面达到了外观造型、装饰与机械、光电紧密配合的完美效果，也是写意与写实产品
的典型代表。

图 5-5　铁皮玩具之小熊拍照　　　　　　　图 5-6　铁皮玩具之敲琴女孩

　　波波沙冲锋枪（PPSh-41 冲锋枪）是第二次世界大战中具有传奇色彩的名枪之一，到 20 世纪 40 年代末，共生产了约 600 万支，也是第二次世界大战中产量最大的冲锋枪。其产品形象经常出现在各种媒体上，持枪人都以威武的正面形象出现，给大众留下了深刻的印象。铁皮玩具波波沙冲锋枪的造型设计并没有一味地模仿真实的产品，而是力求既保持苏式武器粗犷的特点，同时又使之具备可爱、有趣的形态结构。表尺、弹鼓、扳机等小细节的设计更加引人注目。产品色彩以黑色、淡土黄色作为对比，强调了金属特征。木色的枪托尾部装饰着一块黑色，使产品整体产生了强烈的节奏感，而枪带则被设计成红色。在扣动扳机以后，玩具会发出模拟射击的枪声，同时枪管、弹鼓处会闪闪发光，声光结合，趣味十足，因而成为男孩们的最爱，只是特别耗电，使用成本很高。波波沙冲锋枪是当时同类玩具中设计最完美的，较之完全仿真的产品更加符合孩子们的需求，因此被大批量生产，而且销路特别好。

图 5-7　铁皮玩具之波波沙冲锋枪

在进入崇尚科学的时代后，具有未来感的玩具受到人们的追捧，赛车作为速度的代表自然而然成为玩具设计的主题之一。但是，玩具的基本结构仍然源于拍照汽车玩具，同样使用电池作为电源，使用回轮装置，碰到障碍物可以转向。在造型设计方面，玩具明显具有苏联制造的图-154 客机的形态特征，其中一个发动机在垂直尾翼处，行走时尾部的发动机会发出亮红色的光。当时中国拥有大量这类飞机，想

图 5-8　铁皮玩具之电动拍照赛车

图 5-9　铁皮玩具之快乐的小镇

必是影响了设计师的造型观念。在装饰图案方面，使用了表现速度的横线条，象征玩具可以开得风驰电掣一般。在经历了"经典设计时期"之后，铁皮玩具越来越走向"通俗"。所谓通俗是指复制生活场景或事物的设计，这类玩具工艺一般、价格低廉，但是适合利用简单的设备加工制造。

开始学走路的幼儿，双手得到解放，喜欢随意走动、乱拿东西、不停活动。幼儿从摸和抓开始，手指活动能力不断提高，从这时起可以自己玩玩具了，于是木制拖拉玩具成为他们的好伙伴。常常能看到这样的场景：爸爸在前面拉着一只木制带轮子的小鸭子，宝宝目不转睛地盯着小鸭子，牵着妈妈的手，为了追上前面的小鸭子，勇敢地迈出一步、两步、三步……直到自己能够亲手牵着小鸭子的拉绳，走得稳稳当当。木制拖拉玩具是低龄儿童的主要玩具之一，初期的木制拖拉玩具多为动物造型，下面装上轮子就可以牵动。之后，为了让小动物的形象更加逼真活泼，在拖拉玩具上设计了活动杆，于是小鸭子可以扇动翅膀，小狗的脖子可以向前探，并根据牵拉速度的变化可以发出有节奏的声响。随着时代的发展，木制拖拉玩具出现了汽车、火车、轮船和飞机等新造型，还有具有异国情调的玩具出现。因为木制拖拉玩具牢固耐玩、安全卫生、无锋利棱角，所以作为传统玩具一直存在着，设计师们也更加注重表达玩具带来的乐趣。

20 世纪 80 年代，在我国百货公司的玩具柜台里，高档玩具当属冒烟电动火车。以电池作为动力的电动火车在接通电源后，通过后轮的驱动运行，一边走一边鸣叫、

图 5-10　木制玩具之小马拉车

冒烟，行驶至桌子的边缘还会自动转向。这种形象逼真、能自动转向的"不落地"
电动火车，极大地吸引了儿童的注意力。"不落地"玩具以车辆居多，电动火车是
其中一种。"不落地"玩具的运行依靠后轮和导向轮实现，它们的转动方向互相垂直，
各自具有一定的转速。当玩具在桌面上直线行驶时，车辆前端的导向轮空转；当玩

图 5-11　设计师在研究玩具设计方案

图 5–12　铁皮玩具之冒烟电动火车

具行驶到桌边时，支撑架倾斜，导向轮与桌面接触，参与运行，从而改变玩具的行驶方向，使玩具离开桌边，实现玩具"不落地"的目的。"不落地"玩具既能保证玩具不易摔坏，又让儿童玩耍起来更方便、更安全。在装饰方面，采用绿色为主调，与红色的轮子形成对比，同时以蓝色作为调和，产品形象十分醒目。

　　拼板是中国古老的益智玩具之一，其中最著名的是七巧板。七巧板在国外曾被称为"唐图"，是世界公认的中国优秀智力游戏的代表作。1813年出版的《七巧图合璧》一书中称七巧源于勾股法，这是最早将七巧玩具与数学相联系的记载。

　　孩子们可以用七巧板随意拼出自己设计的图案，但如果想用七巧板拼出特定的图案，就会遇到真正的挑战。用七巧板拼出的图案可以超过千种，其中有些容易解决，有一些却相当诡秘，还有一些则似是而非，充满了矛盾。在历史上，拿破仑等人都是七巧板的爱好者，北京故宫博物院现存的清代宫廷玩具中也有七巧板。七巧板是启发儿童智力的好伙伴，可以教儿童辨认颜色，领悟图案的分割与合成，将实物与形态连接起来，培养儿童的观察力、想象力、形状分析能力以及创意思维能力。七巧板被家长们广泛用于帮助儿童认识各种几何图形和数字，了解周长和面积的意义。除七巧板外，益智拼板还有四巧板、五巧板、六巧板和八巧板等。七巧板还被用来研究组合分析中的数学问题，因此它与拓扑学、计算机程序设计也有密切的关系。"智

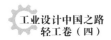

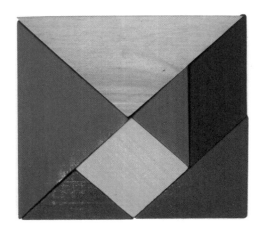

图 5-13　七巧板玩具

力七巧板"是中国少年先锋队全国工作委员会长期组织的一项全国青少年重点科普活动项目。通过组织广大少年儿童参与"智力七巧板"的活动，可以激发他们的科学兴趣，开发智力，锻炼动手动脑能力，启迪创造意识，丰富课余生活。

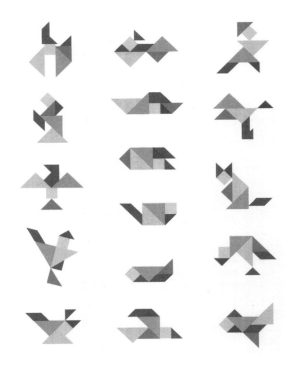

图 5-14　七巧板玩具拼图示意图

儿童玩具首先必须"好玩"，即玩具不但要使儿童愿意玩、喜欢玩，还要具有可玩性。金属建造模型玩具是一种在 20 世纪 80 年代热销的 DIY（Do It Yourself）玩具，供 8 岁以上儿童使用。建造模型玩具具有多变性和可操作性的特点，可以锻炼儿童的动手能力，所以成为许多家长的首选。

　　金属建造模型玩具提供一个材料箱，包括板、轴、轮、绳等零部件，以及螺丝刀和扳手等工具，孩子们可以自由挑选和搭配，用螺钉和螺母进行连接。孩子们可以手脑并用，用板、轴、轮、绳等零部件搭建或装配各式各样、新颖有趣、形象逼真、题材广泛的实物模型。看到自己亲手搭成的各种模型，孩子们会产生很大的成就感。初学者可以按照说明书的图解，组装火车头、吊车、推车、直升机、汽艇、平板车、铲车、收割机和火车头等模型，从中了解生活中各种生产工具的结构和外观。熟练后，可以自行设计并组装各种造型，并可创造出更熟练、效率更高的搭配方法。随着时代的发展，建造模型玩具的组件也在不断发生变化，没有改变的是金属材料以及赋予儿童智力和想象力的提升。

　　积木被誉为 20 世纪最有价值的早期教育玩具之一，是玩具中的经典。搭积木是儿童喜爱的游戏，他们会根据积木的形状和大小搭配无数种组合，在拼、摆、堆、

图 5-15　金属建造火车模型玩具

图 5-16　金属建造飞机模型玩具

砌的过程中，加深对几何图形和数学的认识。搭积木可以锻炼手的灵活性和手眼协调能力，了解平衡、形状、对称、重复和比例的概念，使儿童获得各种感官体验。玩具素材并不复杂的积木能提升儿童的空间感知力，使其想象力无限延伸。在玩具品种并不丰富的 20 世纪 70 年代，从几个月到六七岁的儿童，几乎每个家长都为他们购买了积木。二十世纪六七十年代，在上海和北京都有积木生产厂家，其中规模最大的上海中艺玩具厂（后更名为上海玩具九厂）是上海市地方标准的起草单位，该厂的产品技术及质量水平在全国领先。

在新教育理念的推动下，积木不断演变和完善，本色积木、彩色积木、花纹积木、情景主题积木和 DIY 类积木等都保持着它们的特点并被不同消费群体所接受。广义的积木还包括各种工程积木、建筑积木、拼装积木，这类积木的拼装难度大，需要儿童与成人一起完成。积木玩具使用的木材要进行干燥处理，一些工厂在建成蒸汽干燥窑后，解决了火炉加工烘干导致木材干裂严重、损耗巨大和不安全的弊端，使产品质量得到了提升。另外，液压多锯片电动圆锯机的使用，不仅提高了产量，而且降低了劳动强度，避免了工伤事故。表面涂装新工艺的使用，不仅提高了工作效率，

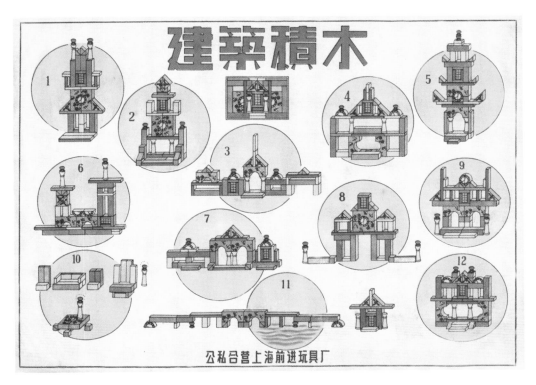

图 5-17　建筑积木搭建示意图

图 5-18　情景主题积木玩具

图 5-19　立体拼装积木

而且使产品变得更加漂亮，凡是经过工艺改良的积木产品都受到外商的热烈欢迎。
1986 年，上海玩具九厂的威士牌大型积木获轻工业部科技进步三等奖。1987 年，获
全国儿童生活用品金鹿奖。

20 世纪 70 年代末，上海玩具八厂在保持蓓蕾牌小钢琴传统特色的前提下，开发
试制 8 音至 16 音系列产品，并达到国际玩具业规定的无毒、无钉、无易燃物和音色

图 5-20　蓓蕾牌 15 音小钢琴

图 5-21　木琴、小钢琴组合玩具

准确的标准。1984 年，生产了立式 24 音小钢琴。其他玩具厂在此基础上也开发了类似产品，虽然只有 10 个音，但增加了可以敲打的木琴，与小钢琴相比价格低廉，可以满足不同层次消费者的需求。

自 1983 年起，中国玩具行业引进国外先进设备，增加丝网印刷和照相制版设备，生产国外畅销的嵌图产品，并在采用烫印、涂漆和漂白等新工艺后，提高了产品档次。无毒快干油墨的研制成功，以及两面刨光机和胶合板抛光机的引进，也保证了木制玩具质量的提高。1984 年，上海玩具八厂的立式 24 音小钢琴获中国工艺美术品百花奖。

1959 年，地方国营扬州新艺玩具厂生产出扬州历史上第一批布娃娃玩具。虽然当时上海和无锡的玩具生产企业对毛绒玩具的生产技术实行保密，但是该厂通过一只玩具熊样品和 2 m 长毛绒面料、20 对玻璃眼珠，经过 38 次改样，研制出第一批长毛绒玩具小熊打鼓，成为扬州毛绒玩具的开山之作。20 世纪 70 年代，随着国际市场兴起熊猫热，长毛绒熊猫玩具开始热销，扬州玩具厂设计的熊猫玩具头部可以转动，憨态可掬，在出口商品交易会上一次收到订单 2 万只。扬州玩具厂以"熊猫牌"注册了商标，产品用料讲究、造型生动、具有独特的民族风格，1979 年被评为轻工业部和江苏省优质产品，1980 年获国家银质奖，1982 年获中国工艺美术品百花奖银杯奖。扬州毛绒玩具主要以动物为设计题材，基本艺术手法是拟人化，大至参加中华人民共和国成立 35 周年庆典的高达 2 m 的"熊猫照相"，小至吊挂在婴儿车上的 8 cm 的"熊猫"。1979 年，邓颖超访问朝鲜时，在平壤市少年宫将扬州毛绒玩具熊猫作为礼品赠送给朝鲜小朋友。扬州毛绒玩具将国际流行的夸张造型手法引入产品的设计和开发，选用国产尼龙和尼丝纺等面料，采用时装生产技术和电脑绣花等装饰工艺，用轻软的材料填充，生产的各种新型动物玩具，以不似毛绒胜似毛绒的效果，受到各国客商的好评。在生产技术上，普遍采用电动机械用于冲裁、缝纫、填充、包装等工序，逐步形成毛绒玩具的机械化生产。20 世纪 90 年代中期，长毛绒玩具生产逐步移向北方，这是因为毛绒玩具生产车间条件简陋，在南方地区，夏天半

图 5-22　扬州生产的长毛绒玩具

成品、成品容易沾上操作工人的汗水，在黄梅季各种材料容易发霉，所以不适合生产。毛绒玩具是国际市场热销的产品，每当圣诞节、复活节、情人节来临的时候一定会大量销售，尤其是圣诞节的时候，各种规格的产品需求量几乎占到了全年需求量的90%，所以毛绒玩具一直长盛不衰，协作程度不断加强，特别是生产动物、人物眼珠及装饰配件的企业已经形成专业化开发生产能力。

1956年，上海市育幼玩具厂16名员工进京，与玩具厂筹备处相关人员一起成立了北京儿童玩具厂，逐渐使北京玩具制造业发展成为一个相对独立的新兴工业门类，并在一段时期内使北京成为全国玩具行业的重点地区之一。1958年，成立北京市西城区玩具厂。1959年，筹建北京市玩具研究所。这"两厂一所"是北京玩具行业的基础。1963年，北京儿童玩具厂在行业调整中转变为北京市玩具一厂，玩具枪、儿童汽车、电动乒乓球是其具有代表性的产品。

20世纪80年代初，北京市玩具一厂按照市场需求，调整产品结构，开发新产品，逐步形成金属发条玩具、金属电动玩具、金属拖拉玩具、智力玩具和八音机芯等8个系列的30多种产品。北京市玩具一厂利用玩具发条、齿轮及铸铁底座手工制造出国产的第一台播放《东方红》的八音机芯，展示了较高的技术水平。

1980年，北京市玩具一厂开始与日本三信株式会社合作生产八音机芯，以补偿贸易的方式引进音片调音仪器设备及组装设备，接受日方培训，为生产高质量的八音机芯打下了基础。通过引进、消化国外先进技术，北京市玩具一厂开发生产的高档八音机芯成为中高档玩具的心脏部件，进而打造出一批以新型八音机芯为主件的儿童语言训练器和各种儿童八音新玩具。

1986年，北京市玩具一厂形成年产50万台八音机芯的生产能力，被轻工业部确定为全国唯一生产八音机芯的厂家。为了提高生产水平，北京市玩具一厂引进国外先进设备30台（套），使产量提高到每年80万件，企业竞争能力和经济效益逐步提高，产品行销华北、东北、西北和西南等地。1992年，该厂更名为北京市聚友实业公司，在北京市玩具八厂并入后，成为北京市唯一保留金属玩具生产能力的企业。

1983年，北京第二轻工业学校在原来的机械制造及自动化专业的基础上，引进

图 5-23 八音盒玩具

美术及设计方面的师资，设立了玩具设计与制造专业，为其他省市培养了大量的玩具设计人才。

1987 年，美国孩之宝公司通过香港利丰集团在内地的合资企业将《变形金刚》动画片及变形金刚模型系列产品引入中国。由上海电视台翻译的动画片《变形金刚》在中央电视台黄金时段播出后，立即在全国各地掀起了一股变形金刚热，一时间变形金刚模型产品销量惊人，给 20 世纪 80 年代末的中国玩具市场带来了冲击。最初的变形金刚是由美国孩之宝公司和日本玩具公司 TAKARA 共同推出的一系列机器人模型，为了促销产品制作了 16 集同名动画片。在这部动画片中，机器人成为和人类一样的智能种族，而最迷人之处是这些机械人可以变成汽车、飞机或各种动物，深受男孩们的欢迎。

孩之宝公司的第一代变形金刚模型于 1984 年发行，其后不断推出不同款式及规格的产品。变形金刚的组件不断变化，提升了产品的可塑性及趣味性，保持了产品的吸引力及新鲜感。2005 年，广州智乐商业有限公司作为美国孩之宝公司在中国的销售代理，推出塞伯坦系列变形金刚的全新变形款，每一件产品都融入色彩、造型、转换等玩具元素，让具有不同爱好的儿童都能找到自己喜欢的一款变形金刚。

　　进入 21 世纪之后，玩具产品主要以电影、动画片的衍生产品的形式出现。2000 年，从事东西方文化交流的靳羽西女士投资创办了靳羽西文教玩具有限公司，推出了世界上第一款亚洲形象的"羽西娃娃"。羽西娃娃分为收藏型和玩耍型两大类。收藏型羽西娃娃的特点是经典的设计、精细的制作和丰富的背景，玩耍型羽西娃娃的特点是长发且配件丰富，有披肩、梳子、镜子、手包、发带、墨镜、帽子等，有的娃娃不止一套服装，可以任意搭配。羽西娃娃的设计理念是中西合璧和多元文化。身高为 292 mm 的羽西娃娃具有独特的民族风情和丰富的中国文化信息，娃娃的服装设计采用传统东方风格，配有体现民族韵味的各种装饰和配件，既可以摆放观赏，又可以任意组合。羽西娃娃代表了中国女孩善良、美丽、勤奋和聪明的形象，她倡导种族平等和男女平等，最重要的是，她所做的一切是把东西方文化融合在一起。为了使羽西娃娃更具活力，靳羽西文教玩具有限公司还推出了卡通连环画《羽西历

图 5-24　羽西娃娃

险记》，个性鲜明的人物和遍及世界各地的场景将孩子们带进了一个生动的国际文化殿堂。

1930 年，上海童车厂开始生产童车。20 世纪 30 年代，产品有铁制三轮童车、儿童自行车和铁木结构折车、推车等。20 世纪 50 年代至 60 年代，产品有独管车、大折车、双座童车和双管三轮推车等。20 世纪 60 年代，工厂注册红花牌商标。20 世纪 80 年代初，工厂与英国安德鲁·麦克来公司合作，用铝合金、可发性聚乙烯材料和阻燃篷布生产儿童推车，产品出口英国。在这一时期，北京、武汉等地的工厂均有儿童自行车系列产品、儿童越野车系列产品以及各式推车产品。

江苏好孩子集团的前身是一家校办工厂，在 1989 年时因为负债累累濒临破产，教育部门决定让时任陆家镇中学副校长的宋郑还接手这个烂摊子。当时厂里有一些机械和结构工程师，自厂里决定开始制作童车后，工程师们的精力就转向了推车架的结构设计：通过调节推车架，一辆童车可以变成摇篮，再调节，还可以变成一个大幅度摇摆的秋千。有一次，在荷兰的一家商场里，宋郑还看到一位正在购物的母亲为了让童车里的孩子停止哭闹，把童车轻轻往墙上撞，但一停下来，车里的宝宝

图 5-25　红花牌独管车

图 5-26　红花牌童车

又大哭不止。宋郑还灵光一现，马上安排人进行研发，很快就设计出一款既可以直线摆动又可以弧线摆动、造型流畅优美的童车，命名为"爸爸摇、妈妈摇"。1993年，凭借不断自主研发新产品，好孩子品牌成为中国销量第一的童车品牌，而推车架变摇篮的设计也不断更新换代。"好孩子"集团积累的专利曾达5 174项，在中国昆山、美国波士顿、荷兰乌特勒支、日本东京以及中国香港建立五大研发中心，曾以平均每半天一个新设计的速度，一年推出近500款新产品。同时，好孩子集团还积极参与行业标准建设，先后成为美国、欧洲、日本制定产品标准的协会委员，至2012年年底，累积参与78项美国标准投票、1项欧洲标准修订、1项日本标准的制定及修订。作为全国玩具标准化技术委员会副秘书长单位，好孩子集团累计主导和参与本行业国家标准制定或修订57项，占本行业国标的90%以上。为了使设计研发始终走在全球行业前端，并保证产品的安全和品质，好孩子集团曾投入4 000万元建设了行业内规模最大、设施最齐全、最先进的国家级中心实验室。在这个可以对婴童产品进行机械、物理、汽车安全座椅碰撞、化学、重金属、纺织品等全方位检测的实验室里，每一款产品上看得见、摸得到的材料及部件都要经过极为苛刻的检验，以确保万无一失。好孩子集团的某些检测标准甚至比国家标准高 4 倍、比欧洲标准高 2 倍。因此，好孩子集团的中心实验室也是国内唯一获得美国消费品安全委员会（CPSC）认可、获得中国合格评定国家认可委员会（CNAS）认证的实验室，还是瑞士通用公证行（SGS）、德国技术监督协会（TÜV）官方实验室，任何品牌的童车产品只要通过好孩子中心实验室的检测，就可以直接销往欧美市场。

在好孩子集团的推车部，有一位天才的结构工程师沈海东。好孩子集团曾经拿到一家德国公司生产的童车，可以通过 7 步折叠起来。在研究这辆样车的基础上，沈海东和他的团队用了半年时间推出一款可折叠的童车，只用一步就可以折叠起来。好孩子集团的设计总监傅月明曾说："三维折叠的难度是非常大的。固定车架的设计容易得多，动态车架的难度在于要考虑方方面面：布套会妨碍、铁架会妨碍、结构会妨碍，一妨碍就折叠不起来。"傅月明的办公室里放着另一个车架，可以如收

图 5-27　可以兼作摇篮的好孩子牌童车

图 5-28　可以折叠的好孩子牌童车

雨伞一样把那个车架"收"起来,整个车架也变成一个雨伞的大小。另外,还有可以折叠后放入背包的童车设计。

第三节　工艺技术

电动玩具是一种以电池作为电源,依靠玩具电动机把电能转换为机械能,从而做出各种动作的机动玩具。它既具有玩具的特点,又包含一定的科学原理,是一种比较复杂的产品,因此成人与儿童都对这类玩具感兴趣。电动玩具一般由变速箱、电池箱、外壳和底板组成,通常以1号、2号、5号电池作为电源。它与其他机动玩具的主要区别在于不需要外力做功储能,而由电池直接驱动电机使玩具做出动作。

电动玩具的发展与科学技术的发展息息相关。国内外的设计师均把先进的工艺和技术应用于电动玩具。从品种上来看,电动玩具在造型和动作上可以进一步拓展

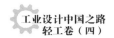

和创新，这是提高其趣味性和智力性的重要工作，也是其能进入成人领域的突破点。在工艺方面，零部件应达到标准化、系列化、小型化，特别是主要元件电机要向高功率、低损耗、小体积方向发展。此外，电动玩具在电源方面也有新的突破，可充电的电动玩具、太阳能玩具都以独特的风格进入人们的生活，不仅可以成为儿童的良师益友，还可以成为成人的娱乐用品。

1. 回轮类电动玩具

该类电动玩具以车辆居多，主要动作特点是玩具在行驶过程中如果遇到障碍物能自动拐弯，避开障碍物后继续前进。因为其自动拐弯的动作是依靠底部的一个特殊部件——回轮实现的，所以这种玩具被称为回轮类电动玩具。"拍照汽车""电动拍照赛车"等玩具就属于这一类产品。

从回转动作原理示意图中可以看出，变速箱与前、后车轮无关，为独立部件。

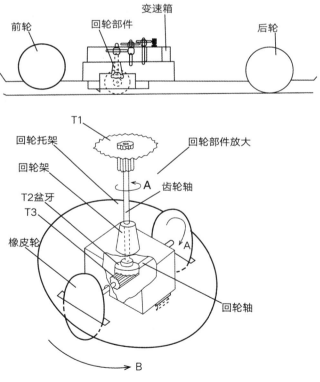

图 5-29　回转动作原理

前轮不着地为装饰件，后轮无动力驱使为随动轮。整个玩具的行驶动作是依靠变速箱中的回轮部件来支配的。当正常行驶时，回轮部件带动玩具前进；当遇到障碍物时，回轮部件驱使玩具拐弯。其动作原理是这样的：回轮部件由回轮托架、回轮架、回轮轴和橡皮轮等组成，起方向盘的作用，可根据外界条件的变化引导玩具自动拐弯。在回转动作原理示意图中，T1 为减速齿轮，经减速后带动与其同轴的另一齿轮 T2 旋转。T2 为玩具中的特殊齿轮——盆牙，其功能相当于伞形齿轮，可以改变齿轮系统的传动方向。T2 和回轮轴上的齿轮 T3 啮合，可以使回轮轴做出两种形式的运动：一种是盆牙带动回轮轴旋转，使其两端固定的橡皮轮按 A 箭头方向做自转；另一种是盆牙的扭转力矩会使回轮轴按 B 箭头方向做圆周运动，同时带动回轮托架和回轮架。这两种运动形式的选择主要取决于外界条件。平时，玩具汽车放在地上，自重使橡皮轮紧压地面，这时，回轮轴按 B 箭头方向做圆周运动的阻力比橡皮轮按 A 箭头方向做自转的阻力要大得多，因此总的运动形式表现为玩具随橡皮轮自转做直线前进。当玩具遇到障碍物而前进受阻时，回轮轴按 A 箭头方向做自转的阻力变得很大，因此总的运动形式只能是回轮轴按 B 箭头方向做圆周运动，同时带动回轮托架，使玩具改变运行方向，避开障碍物，完成一次自动拐弯的动作。之后，随着前进方向上的阻力消失，玩具又恢复直线运动。

回轮架和回轮托架是由塑料制成的，通过固定销互相配合，它们之间的配合精度直接影响到盆牙与回轮轴齿轮的啮合情况。回轮类玩具的动作原理比较复杂，上述分析只是从总的方面说明它能自动拐弯的原理。实际上，一般回轮类玩具在遇到障碍物后总是会稍停片刻，然后向左转或向右转，有时还会先倒退，这主要取决于回轮轴在做圆周运动时，在哪个方位停止而切换动作状态。如果回轮轴在遇到障碍物后按箭头方向转到左面 60°，然后停下来做自转，则玩具表现为向左 60° 拐弯。至于玩具究竟转到哪个角度开始切换动作状态，则要根据玩具的重量、变速箱的装配质量等因素来决定，同时还要看遇到障碍物时玩具在何方位，所以原因是比较复杂的。有时，玩具在拐弯后并不沿直线前进，而是做绕圈运行，这主要是由于回轮部件装配不够灵活，只要绕圈半径大于一定范围，则仍属正常。

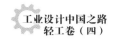

　　回轮类玩具的设计重点是变速箱，其外形以车辆居多。国内外流行的电动车辆类玩具有很多属于回轮类，因为此类玩具使用方便，特别是在室内操作时，车辆可随便行驶，不受场地限制，所以受到人们的欢迎。回轮类玩具的变速箱的设计方法与其他电动玩具基本相似，只是增加了回轮部件这个环节。一般的车辆类玩具，其车轮均由变速箱的动作齿轮轴直接带动，所以减速系数可以通过查表或计算直接求出。回轮类玩具的车轮实际上就是回轮轴上的橡皮轮，它要经过回轮轴上的 T3 齿轮和盆牙啮合后才能得到转速，所以计算时要增加一个环节。

　　如果在齿轮轴上直接装车轮，那么转速要比回轮轴上的橡皮轮慢，但是由于橡皮轮的直径较小，一般车轮直径要比它大 2 倍，所以表现在驱动玩具行进速度方面，两者相差不大，这样就可以把回轮轴的减速系数计算方法与齿轮轴的减速系数计算方法等同起来，在计算时就方便多了。

　　在设计回轮类玩具时，其减速系数一般均不小于 60，因为减速系数太小，齿轮轴的转速过高，会造成盆牙与回轮轴上的齿轮摩擦太厉害，造成损耗，同时还会影响到动作的进行。在设计时，只要根据齿轮轴的减速系数去估算前几级齿片的齿数即可。盆牙与回轮轴齿轮为固定搭配，不列入计算项目。在多数回轮类玩具中，减速系数均取 100，这样可以使回轮类玩具的动作得到最完美的发挥。

　　在回轮类玩具中，除行驶外还有其他辅助动作，所以在齿轮轴之后还要增加 1～2 级齿轮，根据辅助动作的要求而定。为了保证回轮类玩具的正常动作，还需要注意其回轮部件与后轮的位置关系。

　　如图 5-30 所示，回轮部件安装位置的中心线与后轮轴之间的距离应当尽可能大一些，回轮部件应当远离后轮，而且它与两个后轮之间的距离 b 应保持如下关系：

$$a \geqslant b$$

　　如果 $a<b$，则回轮类玩具在行进时容易绕小圈子，无法正常前进。这也是回轮结构较多地应用于车辆类玩具的原因，因为车辆类玩具一般呈长形，有足够的空间使回轮部件与后轮拉开距离。动物类玩具的底板面积较小，无法使后轮与回轮部件之间的距离拉开，所以较少使用此种结构。

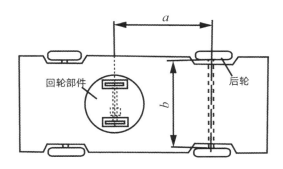

图 5-30　回轮部件与后轮的位置关系

　　回轮类玩具的常见故障表现为不能正常前进，始终在原地打转，俗称"磨豆腐"。出现这种故障的主要原因是回轮轴上的齿轮与盆牙啮合过紧，被盆牙带动旋转，造成回轮架做圆周运动，因而玩具原地打转。排除故障的方法是调整两个齿轮之间的啮合间隙，可以重新装配盆牙，将其位置抬高，以便与回轮轴上的齿轮啮合正常。有时，还会出现玩具原地不动而内部变速箱仍在运转的故障，主要原因是盆牙与回轮轴上的齿轮啮合过松，造成运转时打滑，无法带动回轮轴运转，排除故障的方法同样是调整两个齿轮之间的啮合间隙。

　　鸣笛火车是回轮类玩具的典型产品，其火车头的变速箱是典型的四轮变速箱。它的动作是前进运行，如果遇到障碍物可以自动拐弯，并且每隔一段时间还能发出类似火车鸣笛的声音。

　　如图 5-31 所示，此类变速箱的 2 牙、3 牙、4 牙、5 牙均为 52 齿齿片与 10 齿齿轮或铜紧圈形成的组合齿轮。根据回轮变速箱的计算方法，回轮轴的减速系数可以估算为 4 牙轴的减速系数，它可由下式求出：

$$c = \frac{52}{10} \times \frac{52}{10} \times \frac{52}{10} = 140.6$$

　　4 牙轴通过盆牙与回轮轴上的齿轮啮合，使橡皮轮转动，带动玩具前进。4 牙轴的转速是 5 牙轴的 5.2 倍。在 5 牙轴上有一个 10 齿齿轮，与其啮合的是 22 齿盆牙，而与盆牙同轴的是一个曲线凸轮。根据计算，4 牙轴的转速是曲线凸轮的 11.4 倍。曲线凸轮的作用是使玩具火车头发声。当凸轮旋转时，其圆弧部分与顶杆上的支点

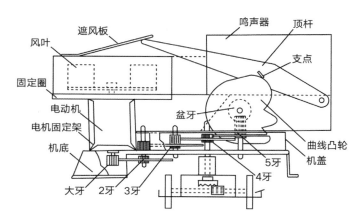

图 5-31　鸣笛火车的火车头变速箱结构

接触，顶杆并不向上运动；当曲线部分接触支点时，就可以把顶杆推起，同时也将鸣声器的遮风板向上推开，使鸣声器因高速气流而发声。随着凸轮外缘曲线的变化，鸣声器可以发出两短一长的声音。

　　橡皮轮的转速是 4 牙轴的 2.2 倍，因为回轮轴上的齿轮与 4 牙轴上的盆牙啮合，此为增速传动。4 牙轴的转速是曲线凸轮的 11.4 倍，所以橡皮轮的转速是曲线凸轮的 $11.4 \times 2.2 \approx 25$ 倍。具体意义为橡皮轮转动 25 圈，曲线凸轮转动 1 圈。但实际上，曲线凸轮只有半个圆周能推起顶杆使玩具发声，另外半个圆周不能使玩具发声，也就是说，橡皮轮每转动 12.5 圈，玩具发声 1 次。橡皮轮的直径为 15 mm，周长为 47 mm，旋转 12.5 圈所行驶的距离为 588 mm，所以可以得出结论，火车头每行驶 0.5 m，玩具发声一次，在声音持续的时间里，玩具继续前进 0.5 m。

2. 不落地类电动玩具

　　该类电动玩具也以车辆居多，主要动作特点是玩具行驶到桌面边缘不会落下，能自动拐回再继续前进。因为这种玩具适合孩子们在桌上玩耍，不会摔坏，所以也深受人们的喜爱。

　　玩具的不落地动作是依靠底板上的活动支撑架以及变速箱上的导向轮互相配合工作而实现的。如图 5-32 所示，底板上的后轮为主动轮，由变速箱带动，通过它再带动玩具前进。在变速箱上还装有 1 个导向轮，其装配方向与后轮互相垂直，平时

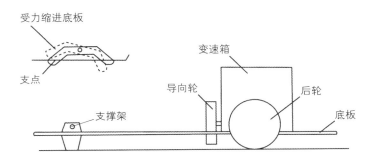

图 5-32　不落地类玩具结构

做高速转动，但不着地，因为底板前部装有 1 个支撑架，把导向轮顶起空转。此类玩具的前轮也为装饰轮，支撑架在玩具行驶时可以起到前轮的作用。

　　支撑架的两端圆滑，与桌面接触时摩擦力较小，故在后轮的带动下能滑动向前。其结构为翘板形式，两个支点可上下活动以协调不落地动作的进行。如图 5-33（b）所示为玩具做正常运行，其导向轮被支撑架顶起而空转，玩具受后轮带动向前行进。当玩具驶出桌子边缘时，如图 5-33（a）所示，支撑架首先落空，导向轮失去支撑而着地，由于它采用橡胶制成，又做高速转动，所以凭借其与桌面的摩擦力可以带动玩具以后轮为支点做圆周运动，使玩具沿导向轮转动方向拐回桌子边缘。这时，虽然支撑架的一个支点会与桌子边缘相碰，但因为它是翘板结构，受阻后能翘起，所以不影响玩具拐回桌面。以上一系列动作均发生在玩具驶出桌面的一瞬间，当玩具被拉进桌子边缘后，支撑架又将导向轮顶起，玩具又能正常前进了。

　　支撑架是不落地类玩具的重要部件。平时，两个支点露出底板支撑玩具，顶起

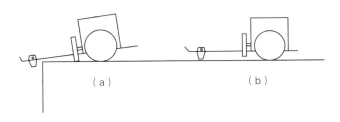

（a）　　　　　　　　　　　　（b）

图 5-33　不落地类玩具动作原理

导向轮。当玩具行驶到桌子边缘时，它即失去作用。当导向轮依靠旋转摩擦力将底板拉回桌面时，其中一个支点受阻后能缩进底板，犹如翘翘板；另一个支点虽然受力向下运动，但当它滑向桌子边缘时，也会受阻缩进底板，于是两个支点均能协调配合玩具做拐回桌面的运动。

不落地类玩具的后轮和导向轮的转动方向是互相垂直的，各自具有一定的转速，这两者是设计的关键。后轮的减速系数宜取 50 ~ 60，带动玩具做慢速行驶，因为不落地类玩具的速度不宜太快。如果玩具急速驶出桌面，那么导向轮来不及发生作用，玩具就已经借助惯性冲出桌面摔到地上了。导向轮的转速应高于后轮，也可以与后轮相同，但不能低于后轮。此外，根据玩具品种的不同，导向轮的大小也有所不同。在较轻巧的玩具中，导向轮是一个顶端呈球状的圆柱，依靠它的高速转动将玩具拉回桌面。一般来说，导向轮的直径与后轮的直径相似，采用橡胶制成，以便增大它与桌面的摩擦力。由于导向轮与后轮是互相垂直的，所以在设计时要采用盆牙作为过渡齿轮，以便改变传动方向。较简单的方法是在同一个盆牙上啮合两个方向互相垂直的 10 齿齿轮，其中一个为后轮轴上的齿轮，另一个为导向轮轴上的齿轮。

如图 5-34 所示的啮合方式较为简单，还可以通过其他方法排列齿轮，只要做到使后轮轴与导向轮轴互相垂直即可。在不落地类玩具的设计中还必须注意重量配置，否则即使变速箱设计合理，也不能达到预期的动作效果。因为当玩具驶出桌面时，要依靠导向轮将其拉回桌面，所以前部的重量应该越轻越好，整个玩具的重心应越向后越好。如果以后轮轴为界线，那么后轮轴以后部位的重量要设计得比前部大得多，

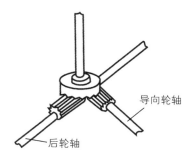

导向轮轴

后轮轴

图 5-34　导向轮和后轮的啮合关系

这样才能确保不落地动作顺利进行。将电池箱安装在后轮轴之后，当玩具装上电池时，其后部重量就比前部大得多，这样当导向轮着地时，就能很轻巧地将玩具拉回桌面。还有一种不落地类玩具是与回轮结构连在一起的，被称为不落地回轮类玩具，由于其结构复杂，目前使用较少，故不赘述。

冒烟火车是不落地类玩具的典型产品，其火车头的变速箱主要由 3 级组合齿轮构成。2 牙为 40 齿齿片与 10 齿齿轮构成的双联齿轮，3 牙为 52 齿齿片与 10 齿齿轮构成的双联齿轮，4 牙与 3 牙相同，并在轴上装有盆牙，通过盆牙带动后轮轴与导向轮轴，并使两者方向垂直。4 牙轴的减速系数可由下式求出：

$$c = \frac{40}{10} \times \frac{52}{10} \times \frac{52}{10} = 108.2$$

4 牙轴上的盆牙为 22 齿，它与后轮轴上的 10 齿齿轮啮合，使后轮轴的转速为 4 牙轴的 2.2 倍。同理，导向轮轴的转速也是 4 牙轴的 2.2 倍。当玩具接通电源后，变速箱开始工作，使后轮转动，带动火车头行驶。与此同时，导向轮也以相同转速运转，平时不着地。当玩具驶出桌面时，导向轮着地即发挥作用将玩具拉回桌面。

变速箱的机底和机盖较特殊，电动机不是夹紧在机底和机盖之内，而是安装在机盖外侧，将电动机齿轮伸入机底和机盖的内腔。这种安装方法可以减小变速箱的内部空间，但扩大了外部空间，这是根据该款玩具的特殊需要而采用的。

后轮和导向轮均采用橡胶削成的圆片轮，也称为平板轮，可以增大其与桌面的

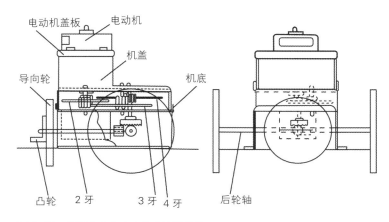

图 5-35　冒烟火车的火车头变速箱结构

摩擦力。火车头在行驶时会发出铃声，这主要是由于装在导向轮上的凸轮每转 1 圈，就拨动连杆敲击金属小铃一次。为了使重心后移，不落地火车头将电池安装在后轮轴之后的位置。在装入两节电池后，整个玩具的重心均在后部，使前部变得较轻，便于导向轮在工作时将车身拉回桌面。

3. 模拟类电动玩具

该类玩具一般模拟各种动物的独特动作，并适当加以夸张，使玩具富有趣味性。母鸡生蛋玩具是模拟类电动玩具的典型产品。

该玩具的电池箱分别安装在两侧翅膀处，使用两节 2 号电池。在启动后，通过

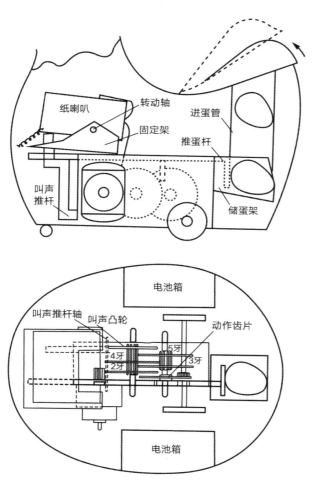

图 5-36　母鸡生蛋玩具动作原理

橡皮轮的转动，带动玩具母鸡前进，同时发出四短一长的叫声。在前进一段距离之后，母鸡会停下来，从尾部下方生出一只蛋。母鸡可连续生蛋。蛋生完后，我们可以打开尾部上端的盖子，把蛋加入，就可以继续玩耍了。

该玩具的所有动作是由一个结构紧凑的变速箱来完成的。变速箱使用 D-1 型电动机为动力源，整个动作系统采用同轴传动，其 2 牙、3 牙、4 牙、5 牙均由 52 齿齿片与 10 齿圆柱齿轮构成双联齿轮。为了缩小变速箱的内部尺寸，电动机被安装在外侧，用电动机架固定。变速箱各级齿轮的啮合关系如下：2 牙与电动机轴上的齿轮啮合，同时它与轴间隙配合；3 牙与 2 牙的圆柱齿轮啮合，它也与轴间隙配合；4 牙与 3 牙啮合，同时与轴过盈配合，带动与其同轴过盈配合的叫声凸轮旋转，所以叫声凸轮的减速系数为：

$$c = \frac{52}{10} \times \frac{52}{10} \times \frac{52}{10} = 140.6$$

5 牙与 4 牙啮合，它也与所在轴过盈配合，使同轴过盈配合的动作齿片也随之转动，其减速系数为 $140.6 \times 5.2 \approx 731.1$。母鸡的前进与下蛋动作是受动作齿片支配的，它的形状比较特殊：半边有齿，半边无齿，中间还冲制出凸杆。

当动作齿片由 5 牙带动旋转时，其有齿半圆部分与轮轴齿轮啮合，使其旋转并带动圆轮，于是母鸡向前行进。当动作齿片转至一定角度时，其无齿半圆部分与轮轴齿轮相遇，两者无法啮合，所以轮轴无法转动，母鸡停止前进。与此同时，动作齿片上的凸杆顶动了推蛋杆，使之把蛋推出母鸡尾部，如下蛋状。当推蛋结束后，推蛋杆凭弹簧拉力复位，此时动作齿片的有齿半圆部分又与轮轴齿轮啮合，于是母鸡继续前进。随着动作齿轮的转动，母鸡反复做出以上动作。

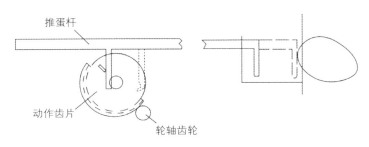

图 5-37 动作齿片工作原理

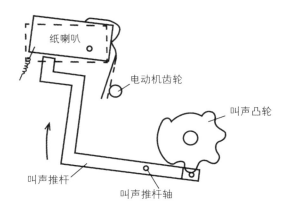

图 5-38　叫声凸轮工作原理

母鸡的叫声是通过叫声凸轮和叫声推杆的配合工作而发出的。纸喇叭受弹簧拉力使其钢丝紧贴电动机齿轮，并随高速旋转而摩擦发声。当叫声凸轮转动时，其外缘凸起端与叫声推杆尾部接触，并下压叫声推杆使其绕轴转动，于是叫声推杆头部向上顶动纸喇叭，也使其绕轴转动，于是纸喇叭的钢丝离开电动机齿轮，使叫声停止。当外缘凸起端离开叫声推杆尾部时，纸喇叭又受弹簧拉力复位，使钢丝又紧贴电动机齿轮而摩擦发声。由于叫声凸轮外缘有 4 个凸起端、4 个短凹陷部分、1 个长凹陷部分，所以它每转动一周，可使纸喇叭发出四短一长的叫声。

第四节　产品记忆

铁皮玩具是二十世纪六七十年代出生的人在童年时的玩具，随着复古风潮的兴起，成了国内玩具市场流行的收藏品。在中国，铁皮玩具算是最具特色的玩具之一了。20 世纪 80 年代，在很多人家中都有铁皮的饼干盒子或铁皮的铅笔盒，制作原料是一种镀锡薄铁皮，俗称"马口铁"。作为计划经济的产物，铁皮玩具有着它独特的魅力，设计师在其中融入了简单纯粹又富有个性的想象力。他们不必像今天的某些设计师需要去迎合市场和客户的品位，只是一张图纸、一块铁皮的边角废料，便能塑造一个活生生的形象，这也算是一代人的集体记忆了。

康元玩具厂是中国最早的铁皮玩具厂之一，其前身是康元制罐厂，生产过我们熟悉的娃娃饼干桶、仕女茶叶罐等。1934年，康元制罐厂设立玩具部，利用制罐的边角余料生产金属玩具和发条玩具。其代表产品跳鸡、跳鸭、跳蛙等玩具可以做弹跳动作，并且价格低廉，深受孩子们的喜爱，风靡一时。1956年，康元制罐厂实现公私合营。1958年，康元制罐厂成为金属玩具专业生产工厂，更名为康元玩具厂。20世纪60年代，康元玩具厂研制成功电动冲锋枪、发条回轮坦克、电动火车头、电动万吨水压机等中高档印铁玩具。20世纪70年代，应用电子技术研制成功磁控、声控及遥控金属玩具。20世纪80年代，研制成功装有不同功能机芯的塑料和长毛绒玩具。1995年，生产电动玩具、发条玩具、电子玩具等13种产品。康元牌曾是中国玩具的明星品牌，也是上海制造的缩影。

曾任康元玩具厂设计师的王统一依然能清晰地回忆起当时在工作车间绘制玩具形状、裁切、定型、安装机械发条、合拢铁皮等30多道工序，就如他所言："几乎一辈子都给了铁皮玩具，这样的感情是不能用语言表达的，也不可能割舍了。"早期生产的铁皮玩具都能从生活中找到设计的原型，或是鲜活的动物，或是汽车等交通工具。20世纪60年代，玩具设计师较少接受过专业美学培训，也没有学习过儿童心理学，大家都是在实践中学习的。设计师经常到托儿所去采访小朋友，了解他们对玩具的需求。1956年，铁皮玩具生产被纳入国家计划，玩具行业被视作经济支柱产业。在这种背景下，各地玩具厂如雨后春笋一般涌现出来，铁皮玩具的品种达到上千种，反映工业成就的一系列玩具被批量生产，体现了地道的中国特色和鲜明的时代感。康元玩具厂在国内率先研制成功电动金属玩具，成为促进上海玩具行业发展的骨干力量。

1976年，上海金属玩具销售额为4 769.5万元，其中外销额为4 165.5万元，创历史最高纪录。在金属玩具的花色品种方面，上海玩具行业推广应用电子技术，设计投产了一批新产品，其中最具代表性的有上海玩具二厂（原康元玩具厂）生产的磁控狮子戏球、声控爬娃、遥控坦克、遥控赛车、电子发声救护车和豪华型电子警车等。为了完善金属玩具的生产加工工艺，提高金属玩具的生产能力和产品质量，加强业内配套能力，上海玩具行业按照专业化协作的原则，投资建立了上海玩具印铁印刷厂、上海玩具模具厂和上海玩具磁钢厂，改建了 2 家玩具元件厂，形成金属玩具生产的配套优势。当时，上海金属玩具以进口马口铁为主要原料，直流电动机、惯性机芯、发条和搪塑人头等由上海玩具电机厂、上海玩具元件厂等提供。

作为中国铁皮玩具第三代设计师的杨正伟经历和见证了铁皮玩具从产品逐步走向收藏品的过程。他毕业于上海工艺美术学校包装装潢专业，之后进入上海玩具二厂从事产品与包装设计。据他回忆，当时的铁皮玩具多数是满足出口创汇的需要，在满足了出口需要的情况下有一部分产品在国内市场销售。西方的订货商一般会找一个代理人来协助查验质量，对产品的设计以及制作的质量要求特别高。操作工人训练有素，在描画动物、人物的眼睛时可以做到描完的几十个产品放在一起看不出差异，眼睫毛的笔势、根数完全一致，他们将这种工艺称为"开脸"。这些工人要长期与油漆打交道，对身体会有损害，所以工厂给每人每天供应一瓶牛奶。在设计方面，杨正伟的师傅朱佩国精通各种构造原理，对制作工艺也十分熟悉，他继承了前辈的设计思路与方法来完成造型与工艺设计。朱佩国有一套万能模具，是一些基本的模块，可以用铜皮覆盖在上面，用榔头敲出造型，推敲结构、工艺，然后用油漆画出装饰图案，由此完成手板模型，作为设计冲压模型的依据。还有一个重要的工作是在方格纸上画出玩具装饰的展开图，以便印刷，这些工作全部靠手工完成。在退休以后，朱佩国仍然以这种方式来为其他的玩具厂做设计，并且用心收集世界各地的铁皮玩具产品及资料加以研究。到了杨正伟这一代，计算机辅助设计刚刚兴起，造型设计可以用石膏、雕塑泥来完成，在方格纸上画出玩具装饰的展开图的工作也开始改由计算机辅助完成，能够手工画展开图的设计师已经屈指可数了。

玩具包装设计几乎与产品设计一样重要。1962 年，当时还在上海轻工业专科学校读书的赵佐良在著名的水彩画画家张英洪的带领下到上海玩具二厂为小鸡啄米、跳跳青蛙产品设计包装。后来，赵佐良专门从事日用化学品的包装设计，是中国著

图 5-39　红旗牌轿车玩具的包装设计（正面）

名包装设计师之一。20世纪80年代中期之前，包装设计完全靠手工绘画加计算机辅助来完成，而玩具包装设计的一个特点是要在包装上真实地展示产品，所以在玩具工厂会有一名设计师专门完成产品绘画表现的工作。由于非常熟练地掌握了水彩画的技法，曲水贤能恰当地反映出产品的特性。他一般用排笔蘸水和水粉颜料，一笔下去可以表现金属的反光，加上局部的勾画，使画面显得特别生动。只要将产品特性和传播意图告诉他，在很短的时间里他就可以完成任务。对于包装的整体设计、字体的选择、装饰的内容，他也是驾轻就熟。曲水贤完成了许多的包装设计，其中红旗牌轿车玩具的包装设计是最具代表性的。

图 5-40　红旗牌轿车玩具的包装设计（侧面）

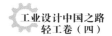

图 5-41 铁皮玩具福娃

　　杨正伟一直没有停止设计铁皮玩具的工作。2007 年，他设计了 2008 年北京奥运会吉祥物福娃的铁皮玩具，是自主设计程度比较高的产品。据他回忆，当时获得奥组委授权的公司找到上海想合作开发，铁皮玩具行业的几位老前辈汇聚一堂，认真讨论了设计方案，提交奥组委相关部门审查后收到了不少的修改意见。福娃的原

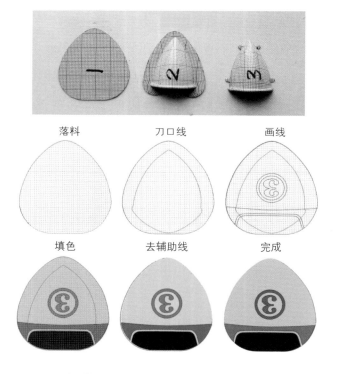

图 5-42 冲制铁皮造型的步骤

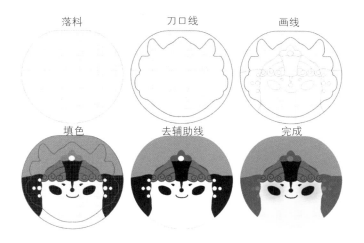

图 5-43　羊娃前脸片格子铁绘制过程

型只是平面的设计，与铁皮玩具的造型原则不太相符，但是经过设计人员的反复修改，在模具、制作各个环节不断磨合，终于完成了设计。主要的设计工作是调整原型中肢体的比例，设计成比较饱满、整体的造型，这样首先可以容纳玩具的机芯，其次

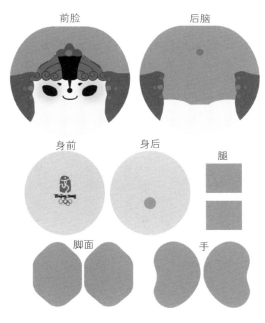

图 5-44　羊娃印铁完成稿

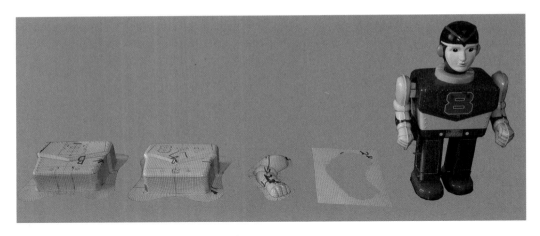

图 5-45　铁皮机器人玩具各个零部件的加工分解

有利于模具的制作。设计师用计算机画出完整的设计稿，然后用石膏制作了模型，以便供模具厂开模使用。玩具机芯采用成熟的模拟走步机构，解决了与手联动的问题。由于设计时考虑比较周到，整个生产过程十分顺利。

　　在铁皮玩具的设计过程中，产品各个零部件的加工、拼装要预先设想好，其中方格子设计、放样是关键。根据零部件的形状落一块平面料，用冲压模具冲制画了方格子的铁皮，形成立体部件。根据冲制成型的零部件上方格子扭曲的形状，在另一张空白纸上对应画出产品展开表面的彩色装饰图案的形状，这样造型、装饰图案

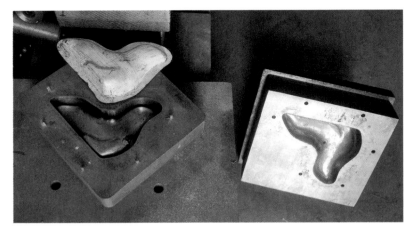

图 5-46　铁皮机器人玩具的制作模具

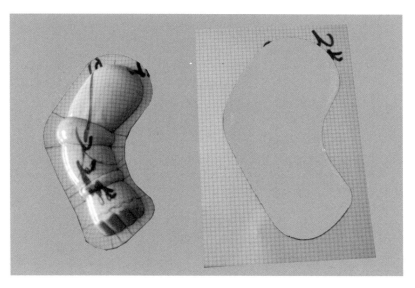

图 5-47　铁皮机器人玩具的手臂冲制成型

两者吻合，检查无误后就可以印制马口铁平板了。印制完成的马口铁平板经过模具冲制，得到了最终的零部件，以供组装。现在仍然在生产的铁皮玩具已经为数不多，主要是供应外贸订单以及很小一部分的国内市场。

20世纪80年代末，国际市场对金属玩具的需求发生了变化，为了适应市场情况，

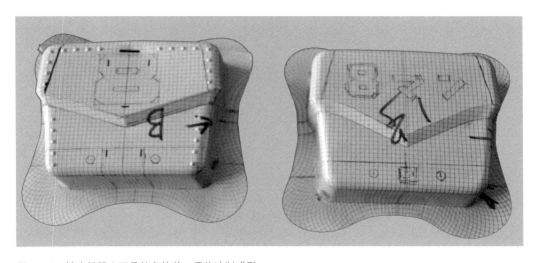

图 5-48　铁皮机器人玩具的身体前、后片冲制成型

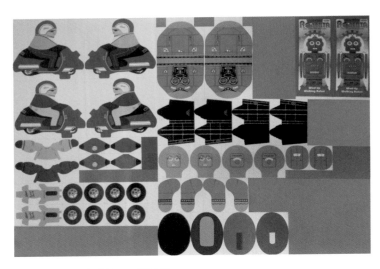

图 5-49　印制完成的马口铁平板

上海金属玩具企业开始生产厚铁皮玩具。厚铁皮玩具加工精密、无锋利边缘、符合出口要求，因此逐步取代了马口铁玩具。1984 年，上海环球玩具有限公司成立，填补了锌合金玩具生产的行业空白。

随着科学技术的进步和人们生活水平的提高，以及塑料等新型材料的出现，加

图 5-50　各种铁皮机器人玩具

图 5-51　铁皮自行车、拖拉机玩具

之传统铁皮玩具的制作工艺在一定程度上存在质量和安全隐患，铁皮玩具在 20 世纪 90 年代初期逐步淡出市场，我们只能在国内外收藏爱好者家中看到曾经热销的铁皮玩具。小小的铁皮玩具见证着中国早期玩具设计师的成长，也正是他们一步步从无到有不断探索，才使如今的玩具设计更加紧跟时代的步伐，更能人性化地满足儿童群体的使用需求。杨正伟认为，铁皮玩具的设计只有符合其特性，并具有记忆点的创意，才能受到消费者的欢迎。

　　在童车产品拓展国际市场方面，1994 年，好孩子集团开始拓展美国市场，但起步并不顺利。崇尚自由和创新的美国人喜欢与众不同的产品，同时又有浓厚的品牌情结，一个当时在国际市场上还没有名气的中国品牌要想赢得美国年轻父母们的信任困难重重。虽然好孩子集团创始人宋郑还对自己产品的质量信心十足，但一时也找不到适合美国市场的新产品和进入这个市场的路径。此时，宋郑还得到一条重要的消息：多利尔青少年集团正准备退出童车市场。宋郑还立即设法联系与多利尔青少年集团北美区总裁尼克·考斯代德见面，但尼克对一家从没听说过的中国品牌兴趣并不大。几经周折，尼克同意在两个会议中间休息 15 分钟的时候与宋郑还见面。商业嗅觉极为敏锐的尼克在看到好孩子集团的产品以后与宋郑还交谈了半个小时。宋郑还回国后的第三天，尼克就赶到好孩子集团总部，在考察了产品研发和生产情况后，立即决定与好孩子集团合作。1996 年年底，好孩子童车正式进入美国市场。消费者反响热烈，产品很快就打开了主流零售渠道。1997 年，在美国达拉斯举办的婴儿用品博览会上，好孩子集团推出了全新的 48 种不同款式的童车，真正奠定了好孩子集团美国市场主要童车供应商的地位。1999 年，好孩子集团在美国童车市场的占有率达到 34%。

好孩子集团在拓展欧洲市场的时候，仍然采取与当地一流品牌建立品牌联盟的战略，但是在开局却遇到了意想不到的困难。欧洲是时尚之都，如果质量上乘的产品只有高性价比，没有符合时尚潮流的款式设计，那么消费者也不感兴趣。好孩子集团在欧洲设立了办事处，用了整整 4 年的时间进行市场调查和产品研发，终于在 2003 年推出了面向欧洲市场的系列产品。之后，好孩子集团不断复制在北美、欧洲的成功经验，以品牌联合或品牌合作的方式迅速占领国际市场，市场版图不断扩大，在全球的 72 个国家和地区都可以见到好孩子集团产品的身影。

第六章 打字机

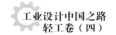

第一节　历史背景

　　世界上最早有专利记载的打字机是由一位英国伦敦的工程师亨利·米尔发明的，1714年1月7日，他获得英国女王安妮赐予的一项打字机专利。当时没有"打字机"这样的名字，只有关于这个机器的使用方式的描述："用于压印单个字母，连续地、一个一个地将字母印在纸张或羊皮上，字迹清楚，与印刷不相上下。"1829年，美国底特律的威廉·奥斯丁·伯特制作了一台形似台钟的机器，操作方式类似于手动打字机，借助墨汁，用力一压机器上的打印字模便可印出字迹。1833年，法国马赛的哈维尔·泊洛奇哈姆获得一项发明专利——具有手动键盘的打字机。1843年至1845年，美国马萨诸塞州的查理·多特发明了两种式样的打字机，使用圆柱及台板来夹持纸张。

　　1850年，约翰·费尔恩获得一项他称之为速写机的专利。他发明的是第一个具有连续滚筒输送纸张功能的装置。同年，美国巴尔的摩的奥力佛·埃第发明的打字机具有钢琴式的键盘和浸透墨汁的色带。

　　19世纪中期，美国的阿尔弗雷·埃利·皮埃尔和英国的约翰·泼拉兹先后获得了打字机的发明专利，约翰·泼拉兹的打字机应用了打印轮原理。应用同样的原理，托马斯·哈尔制成了一台打字机。这台打字机使用一个可移动的触针，通过穿孔刻度板来选择所需要的字键。1867年，美国的克里斯托夫·拉森·肖尔斯从托马斯·哈尔的打字机中得到启发，终于制成了世界上第一台有使用价值的打字机，它的打字速度远远超过用笔书写，并于1868年获得了专利。

　　肖尔斯的打字机具有下击印字杆，印字杆与台板下面的受压字母杆对齐。他在美国著名机械工程师雷明顿的帮助下改进了自己的打字机，第一台完善的打字机终于在 1874 年进入市场并受到了人们的欢迎。之后不久，雷明顿将此项专利买下，肖尔斯的打字机正式易名为"雷明顿打字机"。雷明顿打字机曾是国际市场上的名牌打字机，它的主要机构一直保持到 20 世纪 50 年代，例如，托纸的圆柱滚筒、行距调节机构、印字杆打印在同一中心的扇形板机构、键盘机构、色带传动机构等。

1878 年，在雷明顿 2 型打字机上首次出现了变换大小写的装置，使圆柱滚筒变换上下位置，实现分别打印大写和小写字母。1885 年，出现了一种双键盘打字机，该打字机具有双倍大小，键钮各司其职。双键盘打字机曾与变换大小写键钮的打字机同在市场上竞争，但随着揿键法的发展，变换大小写键钮的打字机具有紧凑的键盘，于是至 1900 年，大多数人普遍接受变换大小写键钮的打字机。1892 年，利弗兰·托马斯·奥力弗申请了专利，那是第一台实用的、可见打印字迹的打字机。这台打字机的打印杆是双腿的，安装在打印点的两侧，呈倾斜状排列。1899 年，弗兰慈·哈·华格纳在他研制的打字机中也采用了可见打印字迹的结构。他的打字机和专利一年以后被约翰·特·恩德伍特买下。

1966 年 9 月，上海计算机打字机厂研制成功我国第一台外文打字机，定名为飞鱼牌 PS 型 14 英寸台式英文打字机。该机采用手揿式大小字体升降结构，具有纵向字距调节、自动横定位、消除字排柱，以及滚筒、滚筒架拆卸功能。1970 年，该打字机实现批量生产，产品大部分出口。1971 年，该厂又进行 18 英寸台式英文打字机和手提式英文打字机的研制，其中 PS 型 18 英寸台式英文打字机是在 14 英寸的基础上对其结构做必要改进后研制而成的。手提式英文打字机则属国内首创，研制成功后定名为飞鱼牌 PSQ 型手提式英文打字机，该机重量轻、体积小、成本低、携带方便，且使用范围广泛，因此一经投产，产量迅速上升。1979 年，飞鱼牌 PSQ 型手提式英文打字机转由四新打字机厂生产，并对原机型进行了一些改进，使手提式英文打字机的产量有了大幅度的提升，至 1981 年，产量已达 17 300 台。与此同时，上海打字机厂的外文打字机的年产量亦达数千台。

在中华人民共和国成立之前，上海办公机械产品的技术开发基本以仿制为主，技术水平低，门类不齐全。中华人民共和国成立后，上海办公机械行业的产品开发有所发展。1964年，该行业对中文打字机进行了改型，改型后的双鸽牌中文打字机摆脱了原万能式机型的限制。

上海计算机打字机厂创建于1958年，是由上海机械计算机和打字机两个行业的51家企业合并而成的，1981年更名为上海打字机厂。该厂是当时国内最大的打字机专业生产企业，1958年至1980年，主要从事机械计算机和打字机生产。1980年以后调整产品结构，专业生产各类中英文打字机，主要商标为双鸽牌和飞鱼牌。

1982年12月，上海打字机二厂在手提式外文打字机领域推出英雄牌110型手提式外文打字机，该机是在飞鱼牌PSQ100型的基础上加以改进制成的。上海打字机厂还开发了飞鱼牌PST-200型手提式外文打字机，从1983年起投入大批量生产。上海市场上还出现过长空牌手提式外文打字机，该机由上海航空发动机制造厂生产。飞鱼牌、英雄牌、长空牌手提式外文打字机在市场上非常受欢迎，出口量也逐年递增。

自1985年起，虽然手提式外文打字机的产量直线上升，但是仍不能满足市场需求，尤其到1987年和1988年，手提式外文打字机已经成为不少家庭希望拥有的常备用品，所以产品更是供不应求。为此，上海的3家打字机厂均扩大生产，1989年总产量达30万台，创历史最高纪录。

英雄牌手提式外文打字机在国内外市场上都享有较高的声誉。1992年，上海英

图6-1 英雄牌110型手提式外文打字机

雄打字机厂提出了进行质量体系认证的工作目标。1994年1月，通过了ISO 9001质量体系认证，在全国打字机行业中首获由DNV颁发的、经英国政府认可的质量认证证书。通过按国际标准要求建立和完善质量体系，规范企业各项管理工作，保证产品质量，工厂提高了信誉，进一步打开了国际和国内市场。

第二节　经典设计

英雄牌手提式外文打字机产品有100型、110型、120型、130型、140型、150型、TP900型、930型等，有英语、俄语、德语、西班牙语、菲律宾语、汉语拼音、多语通用以及少数民族语言等20多个品种，其基本造型没有太大的差异，只是在使用功能上略有增减。主要零部件采用铝合金压铸，外壳采用粉末喷涂工艺，外观光洁，牢固度高。后期设计开发了多种色彩的外壳，以满足各种不同使用者的喜好。

外文打字机的键盘是由字键和功能键组成的，通常有43～48个键。英雄牌110型手提式外文打字机的键盘是由能直接打印出字母、数字、符号的44个字键及1个空格键，1个倒格键，1个页边定位开启键，左、右各1个大写换挡键等功能键共

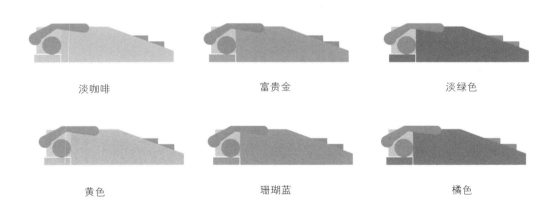

淡咖啡　　　　　　　　　富贵金　　　　　　　　　淡绿色

黄色　　　　　　　　　　珊瑚蓝　　　　　　　　　橘色

图6-2　英雄牌110型手提式外文打字机外壳的色彩设计之一

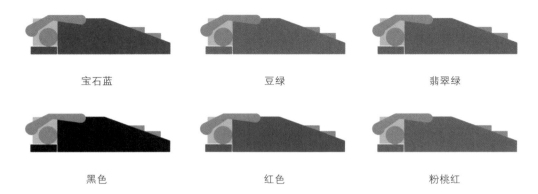

| 宝石蓝 | 豆绿 | 翡翠绿 |

| 黑色 | 红色 | 粉桃红 |

图 6-3　英雄牌 110 型手提式外文打字机外壳的色彩设计之二

同组成的。它集合了所有的字键和功能键，其字键和功能键的排列和布局采用了 ISO 1091 和 ISO 2126 国际标准，因此它的打字指法能与国际外文打字机的打字指法通用。44 个字键均匀排列，与撅杆穿在拉片座轴上，形成阶梯形的 4 排。44 个拉片均匀穿在拉片座的另一个轴上，与 44 个撅杆相对应，形成 44 对凸轮。拉片由拉杆与相对应的字排相连接。

　　字排座部件是打字机上的一个重要部件。长空牌手提式外文打字机的外壳在字排座处的设计为矩形，不同于英雄牌手提式外文打字机的尖形。字排座是由高强度铸铁制成的，呈半圆形月亮状，俗称"月亮板"。其上铣了 44 根槽，44 根字排由一个弧形轴穿入字排座槽内，字排头部焊接刻有字符的钢字。字排座由 4 个紧定螺钉

图 6-4　英雄牌 110 型手提式外文打字机的键盘（局部）

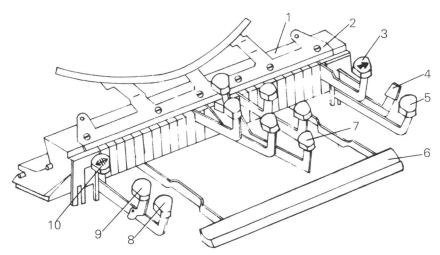

1—拉片座；2—字头托架；3—倒格键；4—换色拨杆；5—右大写换挡键；6—空格键；
7—字键；8—左大写换挡键；9—大写锁键；10—页边定位开启键

图 6-5　英雄牌 110 型手提式外文打字机的键盘结构示意图

固定在机架龙门架上，龙门架与机架平面呈 40°。

　　长空牌产品是由上海航空发动机制造厂生产的，工厂充分发挥了自身的技术优势，产品在材料、加工、机械结构设计与改进方面都十分完善，但是由于是作为工厂的副业而进行设计的，所以产品在后续开发方面有所欠缺。

图 6-6　长空牌手提式外文打字机

图 6-7　长空牌手提式外文打字机的字排座部件

第三节　工艺技术

外文打字机通过双手操作键盘，在纸张上打印字符。外文打字机应具有如下基本功能：

（1）在一定速度（每分钟打字 400 次）下，不应该有停格、卡住、叠字或跳格现象产生。

（2）在倒格时，不应该有冲格、失格或停格现象产生。

（3）打印字符应清楚，字距应均匀，排列应整齐，无明显歪斜。打印的字符的首位应一致。

（4）在分格时，行距应按 1 倍、1.5 倍、2 倍均匀分格，无过格或不足等现象产生。

（5）在左、右页边限位范围内，打铃后具有二次制动功能。

（6）在卷纸时，纸张不应有歪斜、折皱现象产生。

（7）转动滚筒 360° 重复打印，字符不应有明显双影。

（8）在使用红黑色带打字时，字符应红黑分明，不应出现红出黑或黑出红的现象。色带拨杆在空挡处打字时，纸上应无色。

（9）色带打印到末端时，应能自动换向。

为了实现上述功能，外文打字机应由许多零部件组成，主要包括打字走格机构、空格机构、倒格机构、页边定位机构、定位开启机构、分格机构、大小写转换机构、卷纸机构、色带机构等。

机架是打字机各构件安装的基础，它承受着各构件的重量和打字时的弹击力。机架由铝合金压铸而成，具有重量轻、机械强度高、有韧性、易切削等特点。机架后部有两个升降定位挡板。中部是龙门架，用于安装字排座。色带盘底座由紧定螺钉固定在机架中部左、右两侧。机架上的孔位距离和龙门架的角度决定了零部件装配时的相互位置，也决定了相互之间的运动关系。

外文打字机的大小写转换方式有机头升降型和字排座下坠型两种。英雄牌110型外文打字机的大小写转换采用机头升降型，它的字头采用平行系统，即大、小写字

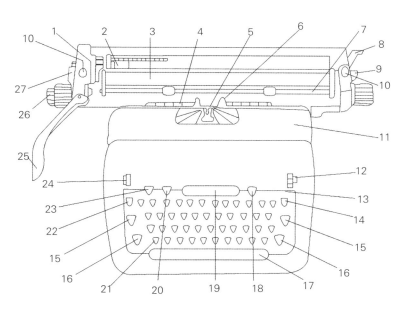

1—行距拨杆；2—移动标尺；3—滚筒盖板；4—固定标尺；5—印字杆导向板；6—压纸架；7—压纸杆；8—松纸扳手；9—滚筒架滑移按钮；10—横定位钮；11—机架罩壳；12—换色拨杆；13—色带换向拨杆；14—定位按钮；15—大写锁钮；16—大写按钮；17—空格拨杆；18—跳挡"+"按钮；19—跳挡按杆；20—跳挡"–"按钮；21—字键按钮；22—倒格按钮；23—消除字键故障按钮；24—轻重调节杆；25—换行扳手；26—滚筒行距微调钮；27—滚筒行距离格扳手

图6-8　飞鱼牌台式英文打字机操作机构示意图

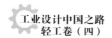
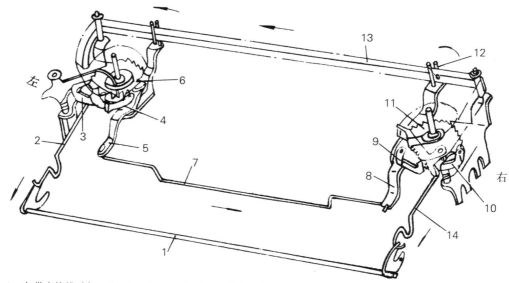

1—色带走格推动杆；2—色带左推动杆；3—色带走格左推牙；4—色带走格左撑牙；5—色带换向左主动板；
6—色带左走格轮；7—色带换向连杆；8—色带换向右主动板；9—色带走格右撑牙；10—色带走格右推牙；
11—色带右走格轮；12—换向主动板轴；13—色带；14—色带右推动杆

图6-9　打字机色带走格机构示意图

符分别有两个不同中心的曲面，两圆心相距6.6 mm。该产品装有红黑双色带，即上半部为黑色，下半部为红色，根据需要可以打印红色、黑色或无色，打印蜡纸时需要用到无色。

第四节　产品记忆

20世纪80年代，为了适应教学改革的需要，高校开始提倡在必修课程之外为大学生增设尽可能多的选修课程。一位德语选修课的任课教师回忆了他当时使用英雄牌手提式德文打字机的情形。

"起初，我用英文打字机打印德文讲义和试题，遇到个别没有的德文字母，如 Ä、

Ö、Ü，我就倒退回去在 A、O、U 上面补打上 " 来代替。如果遇到 ß，就代之以大写的 B。我感到用英文打字机打印德文很不方便，于是就添置了一台英雄牌手提式德文打字机。该机重量轻、体积小、携带方便，有红黑双色带，很快就成了我的得力助手。

"每当回忆起这台纯手工操作的老式打字机曾经陪伴我度过的日子，我仍觉得恋恋不舍、有滋有味。我有时会把色带卸掉，然后把蜡纸卡在打字机的滚筒上，开始用力地敲打键盘。这时候一个个铸有字母和标点符号的摇臂会举起来又落下去，好像盖图章一样在蜡纸上砸出印迹。这种机械式打字机在每打一个字母或符号后，蜡纸会马上向前移动一格，以便在后面的空白处接着打下一个字母或符号。打满一行后，需要用左手拨动左边的拨杆'回车'，滚筒相应地转动一格并回到起始位置，开始另一行。

"操作机械式打字机的关键在于敲打键盘的力量必须轻重适中。如果敲打一个字母的时候用力大了，就会将蜡纸击穿，就穿孔了，油印的时候这个位置就是一个墨点，所以这时候需要及时用改正液进行修补，然后退回一格重新把这个字母打上去。如果敲打的时候用力小了，蜡纸没有打透，那么油印的时候这个位置就不透墨，这个字母就印不出来或者字迹模糊不清，所以往往必须退回去重打一次。要是蜡纸破损严重的话，可以挖掉破损的部分（开天窗），然后裁一片稍大的蜡纸贴在相应的位置上打一块补丁。

"虽然老式机械式外文打字机如此难以操作，麻烦又如此之多，但是每当敲打键盘发出的清脆的声音在我耳边回响时，我听到的绝不是噪声，而仿佛是一首特别悦耳动听的打击乐，那种时而激越、时而舒缓的节奏让我终生难忘。如今，文秘人员再也不用双手使劲地敲打传统的机械式打字机键盘了，他们只需要坐在显示器前面，用手指轻松敲击电脑键盘就可以了，图文、表格都可以由与电脑连接的打印机清晰地打印出来。我的手提式德文打字机也早就完成了它的历史使命，光荣退休了。"

第七章 自来水笔

第一节　历史背景

1926 年，殷鲁深、卢寿笺合伙在上海开办国益自来水笔厂，这是我国第一家自来水笔厂，经营自来水笔装配。1928 年 10 月，关崇昌开设关勒铭自来墨水毛笔光滑墨汁股份有限公司（以下简称"关勒铭厂"），初期生产自来墨水毛笔，后改产自来水笔。1931 年 10 月，周荆庭等人合伙开办华孚金笔厂，生产新民牌金笔。至此，上海自来水笔行业初具规模。1932 年，金星建、金星斌、金星文三兄弟开办金星自来水笔制造厂，产品委托颖源号经销，后贺聚道、周子柏加入工厂合伙经营。1934 年，厂名更改为金星自来水笔制造厂股份有限公司（以下简称"金星厂"）。

1937 年，上海市制笔行业主要有博士、关勒铭、华孚、金星、大众等厂，稍具规模的笔厂都面临生产困境。1945 年，上海市有自来水笔厂 26 家，月产金笔 3 000 打、钢笔 5 000 打。抗日战争胜利后，各地向上海要货量大增，制笔行业迅速发展，上海市自来水笔厂增至 76 家，月产金笔 6 000 打、钢笔 2 000 打。1949 年，上海市生产金笔 188 万支、钢笔 2 150 万支。

中华人民共和国成立初期，政府通过加工订货、收购包销，对制笔行业所需黄金由工厂自筹改由人民银行配售。1949 年 12 月，中国人民解放军第九兵团收购大陆金笔厂，改由部队经营，后划归上海市地方工业局，更名为地方国营大陆金笔厂。1950 年 3 月，新华书店华东总分店接办十月金笔厂，更名为国营新华金笔厂。1990 年，更名为永生金笔厂。1992 年 4 月 28 日，改制为上海永生股份有限公司。主要生产永生牌、幸福牌自来水笔，宝珠笔，纤维类笔，圆珠笔，绘图笔等系列产品，品种有170 多个。

自 1950 年起，上海市调整制笔行业布局，部分笔厂内迁。大孚金笔厂用 36 台制笔设备在齐齐哈尔市建立地方国营黑龙江金笔厂。天鹅金笔厂、金星金笔厂、中国联业笔厂在北京、南京设分厂（北京金星金笔厂、南京金笔厂）。金龙金笔厂在安东市（今辽宁省丹东市）建立公私合营永华金笔厂（今丹东金笔厂）。金马金笔厂在合肥市建立公私合营合肥金笔厂（今合肥金笔总厂）。同时，一批私营制笔厂开办起来。

至 1954 年，上海市金笔厂从 8 家发展到 36 家，钢笔厂从 30 多家发展到 254 家，圆珠笔厂从 1 家增至 40 家，相关零件厂从 45 家增至 280 家。因产大于销，销售困难，部分笔厂停工、停薪。1955 年 3 月，上海市地方工业局制笔公司成立，统筹组织私营企业生产，改组国营和公私合营厂：绿宝金笔制造厂、大同制笔厂并入华孚金笔厂，标准笔厂并入新华金笔厂，博士笔厂并入关勒铭厂，中国铅笔三厂并入中国铅笔一厂。1955 年 12 月，上海制笔行业实行全行业社会主义改造，企业实行公私合营。

1956 年，为了实行专业化协作配套生产，777 家工厂改组为 11 家自来水笔厂、2 家铅笔厂、1 家活动铅笔厂、1 家圆珠笔厂、15 家零件厂、1 家修配厂。1958 年，新明、庆丰、东北、联业、红光 5 家工厂分别并入新华、大陆、金星、华孚、关勒铭厂；划入上海市电镀工业公司 24 家电镀厂，其中 14 家分别划入新华、金星等厂，其余 10 家合并成立上海制笔电镀厂，后更名为上海制笔电化厂，专业生产高纯铝套；建立制笔化工、铱粒、圆珠笔芯、不锈钢套等专业配套厂。上海市制笔行业基本实现生产门类齐全的专业化协作配套生产。1958 年，制成笔夹九道连冲机、笔尖自动点检磨机、自动注塑机和圆珠笔芯八道联合机等主要生产设备。笔夹、笔杆、笔套等零件实现机械化和自动化生产，制笔表面处理、装饰工艺得到改进，提高了生产率。1958 年，自来水笔、木杆铅笔、圆珠笔产量分别比 1954 年增加 54%、51%、210%。因生产率提高，部分工厂和多余劳动力转向仪表、电视、钟表等行业。

20 世纪 60 年代至 70 年代，大陆金笔厂划归上海市仪表局，改产仪表；关勒铭厂划归上海市钟表工业公司，改为钟表元件厂；金星金笔厂划归上海市电视工业公司，改产金星牌电视机。

1981 年至 1988 年，英雄金笔厂、新华金笔厂、丰华圆珠笔厂、上海圆珠笔厂、中国铅笔一厂、中国铅笔二厂等 13 家工厂投资 1 333 万美元，引进瑞士、日本、德国、美国、英国等国家 110 台（套）设备。制笔行业调整产品结构，更新改造传统产品，开发新产品，新增活动铅笔、化妆笔、绘画笔，以及礼品对笔等大类产品，新产品更新率达 65%，笔杆采用红木、贝雕、景泰蓝、蛇皮等 10 多种材料，有的还镶上钻石、翡翠等宝石。

1992 年，永生金笔厂改制为永生制笔股份有限公司，中国铅笔一厂改制为中国第一铅笔股份有限公司，丰华圆珠笔厂改制为丰华圆珠笔股份有限公司。三家公司股本总额为 2 亿余元，向社会个人公开发行股票，面值为 1 600 万元。永生制笔股份有限公司、中国第一铅笔股份有限公司分别向境外发行 2 500 万元特种人民币股票 B 股。1993 年，英雄金笔厂改制为英雄股份有限公司，上海制笔公司改制成上海制笔集团，由 16 家企业组建成全国最大的生产笔类产品的集团。1995 年，上海市制笔行业有 24 家企业，从业人员为 15 285 人，工业总产值为 19.53 亿元，销售收入为 18.6 亿元，利税为 2.7 亿元。

第二节　经典设计

1884 年，美国刘易斯·爱迪生·华特门应用毛细原理设计成具有毛细作用的零件——笔舌，它与钢笔尖紧密互配，然后以滴管将墨水注入空心的笔杆，依靠引力作用，使墨水自动流向笔尖，形成了自来水笔的雏形。自来水笔经过不断改进和提高才逐渐发展成为我们现在使用的式样新颖、结构精密、经久耐用的产品，根据笔尖用料的不同可以分为金笔、钢笔、铱金笔。

（1）笔尖用合金片制成，在笔尖的顶端点焊铱粒的自来水笔，被称为金笔。

（2）笔尖用半磁性不锈钢制成，在笔尖的顶端不点焊铱粒的自来水笔，被称为钢笔。

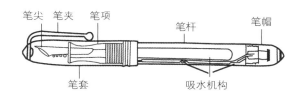

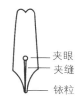

图 7-1 普通型产品的结构示意图

图 7-2 普通型产品的笔尖示意图

（3）在不锈钢笔尖的顶端点焊铱粒的自来水笔，被称为铱金笔。

自来水笔的类型有很多，在设计构造上也有所不同。普通型产品的结构简单、价格便宜、修配方便，是市场上销量最大的一种，如金星、新华、解放、友联、大公等笔厂生产的自来水笔（金笔、钢笔、铱金笔）均属于这种类型。这种笔的吸水机构一般采用揿头弹簧装置，大号的吸水容量为 1.7 ～ 1.8 mL，中号的吸水容量为 1.1 ～ 1.2 mL，小号的吸水容量为 0.75 ～ 0.85 mL，形状为半椭圆形。笔尖上的夹眼是空气的进出口，同时还起着在书写时受力使笔尖分开的作用。笔尖上的夹缝与夹眼相通，随着书写时下笔动作的轻重，笔尖可以开合，写出粗细适当的字迹。

笔舌是自来水笔的主要组成部分之一，主要有两种形式：一种是不装排气管的，一种是装排气管的。采用揿头弹簧装置的吸水机构一般是不装排气管的。笔舌上的引水槽的作用是将笔胆里的墨水引到笔尖，供书写之用；缓冲槽的作用是将笔胆里流出的过多的墨水积聚起来，防止发生漏水现象；气槽的作用是及时补充笔胆内的空气，防止发生断水现象。

笔项的主要作用是安插笔尖和笔舌，使空气和墨水受到控制，而且它还起到将笔尖、笔舌、笔胆、笔杆连接成一个整体的作用。笔套的主要作用是保护笔尖，使

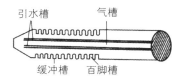

图 7-3　不装排气管的笔舌示意图

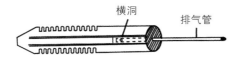

图 7-4　装排气管的笔舌示意图

笔便于携带。笔套上的小孔（气洞）的主要作用是使笔套内外空气流通，避免蒸发的墨水在笔套内凝结成水珠，造成漏水现象。普通型产品的笔杆原料一般为软性塑料（醋酸纤维），它的软化点较低，受热后容易出现变形膨胀的现象。

有一种自来水笔被称为鹦鹉头笔，因为这种笔的笔尖、笔舌由鹦鹉头（又称"尖套"）全部罩起来，如永生牌 201 型、英雄牌 100 型等。这种笔样式新颖美观、构造精密。其吸水机构主要有真空式和解剖式两种，也有折叠式，吸水容量为 1.5 ～ 1.7 mL。笔尖为小圆管形状，笔套由不锈钢原料制成。笔杆采用高级塑料，这种材料的特点是硬度较强，耐热度高，不易受气候影响，在冷、热情况下不变不缩。此外也有采用赛璐珞材料制作笔杆的，它的优点是色泽鲜亮、坚韧耐磨，缺点是耐热度不高、遇火容易燃烧。

有一种自来水笔被称为大包头型笔。笔尖为大圆管形状，一种是全部由合金制成，如幸福牌金笔；另一种是在笔尖后半部用不锈钢镶接，如光明牌金笔。笔杆采用高级塑料制成。笔套有不锈钢和塑料材质两种。吸水机构有解剖式、连簧解剖式和一吸满式等，吸水容量为 1.5 ～ 1.7 mL。这种笔的特点是外形流畅、美观大方。

这种笔的笔舌的前端为圆锥形，与笔尖形状完全匹配，后端为圆柱形，两段都

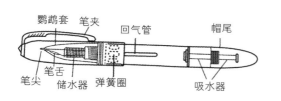

图 7-5　鹦鹉头笔的结构示意图

图 7-6　小圆管形状的笔尖示意图

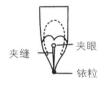

图 7-7　大包头型笔的结构示意图　　　　图 7-8　大圆管形状的笔尖示意图

有储水槽。笔舌上有一条较宽的直槽，储水槽在储水时，空气从此排出；反之，要使用储水槽中的储水时，空气也从此进入储水槽。导水芯的剖面上开有直槽，墨水沿着直槽流出。导水芯的一半塞在笔舌里，另一半是空管，是空气间歇进入笔胆的控制通道。笔舌上端插有排气管，吸水时，笔胆内的空气由此排出。

因为产品结构不同，自来水笔的吸水器形式、吸水方法也各有不同，通常见到的有如下几种：

（1）揿头弹簧式：以弹簧压缩笔胆吸取墨水。普通型产品在吸水时，应把笔项浸入墨水，否则会吸不上墨水或吸水不足。揿压弹簧只一次即可，多揿不起作用。因为没有装排气管，第二次揿压出去的仍是墨水，不是空气，所以多揿也不能增加墨水的吸入量。放开揿头后，笔仍要浸在墨水中几秒钟，使墨水能够充分地被灌进笔胆。笔胆完全恢复原状即说明已吸满墨水。

（2）真空式（又称泵浦式）：这种吸水方法比较复杂，吸水时要将笔浸入墨水，不要把鹦鹉头旋下，连续将揿杆向下一揿一放七八次。最后一次揿下后必须揿牢不要放，然后把笔提起，离开墨水瓶后，把揿杆慢慢放开，这样可以使鹦鹉头里的墨水被吸进去，否则书写时鹦鹉头里的墨水会漏出来。

（3）解剖式：吸水时要捏住鹦鹉头旋下笔杆，将笔浸入墨水，不要把鹦鹉头旋下，连续揿压护胆管中段的弹簧片七八次后，将笔从墨水中取出。再轻轻压弹簧一下，切勿重揿，捏去一两滴墨水，将鹦鹉头内的墨水全部吸入皮管，以免书写时滴水。

（4）透明控水式：吸水器利用排气管排出空气、吸取墨水，吸水时只要连续捏放皮管七八次，即可使其吸满墨水。

（5）螺旋活塞式：以活塞在管内旋转排出空气，将墨水吸入管内。吸墨水时将

图 7-9　金星牌金笔

旋钮向右旋转到底，然后向左转，转到吸足墨水即可。

（6）一吸满式（又称蜂式）：这种吸水方法只要向右旋动笔杆尾帽，即可从笔舌中伸出细金属管，再将金属管伸入墨水瓶中，拉动活塞杆（捏住笔杆向后拉），然后将活塞杆向下推，即可吸入墨水，最后把笔杆尾帽旋好，即可将细金属管缩回到笔舌内。

没有装排气管的吸水器，吸一次墨水即可，因为再次揿压出去的仍旧是前次吸进去的墨水。因为胆内空气不能继续排出，所以墨水也不能继续吸进去了。装有排气管的吸水器就不同了，因为当第二次揿压弹簧时，胆内一部分残留空气又由排气管排出胆内，释放弹簧时，更多的墨水通过排气管及出水槽进入胆内，如此连续揿压则越来越多的空气被排出，即越来越多的墨水被吸入。

笔尖按黄金含量不同，分为 12K、14K 以及 18K，有些国外金笔甚至达到 20K。我国生产的金笔主要有两种：一种是含金 58.330%、银 20.835%、铜 20.835%，通常被称为 14K；另一种是含金 50%、银 25%、铜 25%，俗称五成金，亦称 12K。金笔经久耐磨、书写流畅、耐腐蚀性强、书写弹性特别好，是一种理想的硬笔。在名牌金笔的笔套口处或笔尖表面，会有明显的商标及型号；在商品的包装内，会有质量检验合格证、生产厂名、产地、检验人员的姓名或代号等标记；在金笔笔尖的尾部背面，会有明显的黄金含量钢印，即 12K 或 14K 等字样。

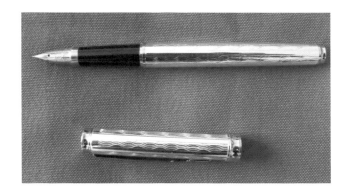

图 7-10　永生牌金笔

图 7-11　永生牌金笔的笔尖

图 7-12　金星牌金笔的笔套和笔尖

图 7-13　永生牌金笔的铝制笔杆和笔套

　　制笔行业是一个小厂多、配件多、协作面广的行业，生产一支笔约需 20 种零部件才能完成。在制笔过程中，结构件的表面处理和装饰是一道必不可少的工艺。在私营企业时期，老板雇用技术高的老师傅在一些简陋的抛光车、刷光机、镀缸等工具上操作。在实行公私合营之后，开办起来一些表面处理和装饰的专业工厂，采用的主要工艺如下：

　　（1）电镀：1949 年，华孚金笔厂（英雄金笔厂的前身）建立电镀车间，工人整天穿套鞋、戴手套，在散发毒气的车间中操作。20 世纪 60 年代初，该厂电镀车间的环境有所改善，但基本工艺仍是手工吊镀。1964 年，该厂采用合金镀，解决了抛光亮度的技术问题。1967 年，该厂采用铜、镍、铬三镀层，达到防护、美化的要求，形成了稳定的工艺。1980 年，英雄金笔厂在上海制笔工业研究所的协助下，研制成功不锈钢涂黑铬新工艺，使钢套上能显现出黑白分明、经久耐磨的花纹图案。随着氮化钛镀饰技术的发展，上海制笔行业从 20 世纪 80 年代起普遍采用三极反应溅射法真空镀钛工艺，使笔杆装饰达到仿金、仿银的效果。1986 年，英雄金笔厂先后研制成功油墨印花和不锈钢表面金银色立体浮雕新工艺。油墨印花工艺使钢套印花向多色化方向发展；不锈钢表面金银色立体浮雕工艺使钢套富有艺术效果，属当时国内首创。

　　（2）铝氧化：1958 年，上海制笔电化厂将普通铝制笔套的毛坯经机抛光和电抛光后，再用阳极氧化染色封闭加工成色泽金黄、有一定光亮度的铝制笔套。铝氧化技术的应用改变了笔类产品"老、黑、粗"的单调局面。1961 年，该厂研制成功

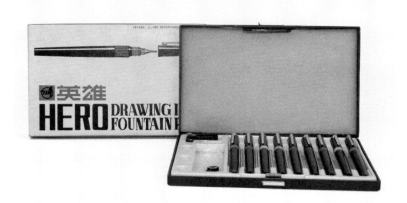

图 7-14　英雄牌绘图笔套装

的高纯铝氧化笔套，不仅填补了国内空白，并且使用寿命达到了镀金笔套的要求。该项工艺的研制成功既丰富了笔类产品的表面处理花色品种，又为扩大出口开辟了新路。20 世纪 70 年代末至 80 年代初，上海制笔电化厂成功研制出彩色花纹漆、双色两次氧化工艺，并将其应用于笔套、笔杆。彩漆笔套、笔杆，色泽鲜艳，立体感强，花纹图案及色彩变化均可按设计意图调配，受到客户青睐。双色两次氧化工艺是在一次氧化的基础上采用脱膜技术再氧化、再染色，使笔杆表面形成多种色彩的花纹图案，如松鹤延年、天女散花等图案，栩栩如生、典雅大方、富有民族色彩。此后，包金、烫印、热印、移印等新工艺不断推出，使上海制笔行业的表面处理和装饰技艺呈现出一片大有可为的新天地。

　　针管绘图笔是描图、画线、画图等专用工具。我国在没有生产针管绘图笔之前采用传统的鸭嘴笔作为绘图工具，工作效率很低。英雄金笔厂为了填补空白，于 1973 年成功研制出国内第一支针管绘图笔，定名为 71A-3 针管绘图笔。规格有 0.3 mm、0.6 mm、0.9 mm，用软性塑料盒装。71A-6 针管绘图笔每套 3 支，形似台笔，有 6 种笔头，可根据需要自行调换，不用时可插入盒边 3 个圆孔内。71A-11 是一种多功能组合绘图笔，除了多规格外，还附有 7 种绘图仪器。为了赶超国际先进水平，英

图 7-15 单支英雄牌绘图笔

雄金笔厂成功研制出 0.13 mm、0.18 mm 高级绘图笔，各项指标基本达到德国施德楼同类产品水平，于 1985 年 3 月批量试生产。该笔单支包装，附有高级绘图墨水和橡皮。1986 年，英雄金笔厂又研制出符合国际标准的高级针管系列绘图笔，于 1987 年 7 月投入批量生产，有 6 种规格，定名为英雄 - 法伯86A 型高级针管系列绘图笔。

第三节　工艺技术

1. 注塑

注塑是制造笔类产品的基础工艺之一。制笔塑料件的注塑，是先将塑料染色、挤出、切粒，成为有色颗粒（俗称"拉料"或"染色造粒"），然后注塑成型。1956 年，染色主要依靠工人在铁皮盘内手工拌料。1958 年，为了提高染色质量、减轻劳动强度，文士笔厂自行设计，用报废的汽车齿轮制成橄榄形拌料桶，以此代替手工拌料。丰华圆珠笔厂用电动机齿轮制成传动的立式拌料桶，将原料在拌料桶中分批定量、定时拌和染色，之后又装备了比较先进的卧式单筒、六孔拉料车，不仅使产量提高，而且使颗粒结实、光洁、色泽好。20 世纪 80 年代末，又研制出搅拌机、挤出机、切粒机和粉碎机，建成自动工艺流水线。

1974 年，新华金笔厂将 HTL 电路程控模型应用在注塑机上，并将 10 台机组合成一组进行群控，使注塑工艺上了一个新台阶。20 世纪 80 年代，注塑工艺继续发展，各厂根据注塑件的外形要求，相继采用壁厚精度高、锁模行程长的 SPZ 型 30 克和 15 克液压注塑机。为了发展多色杆、套以及镶嵌式杆、套，自 1983 年起，英雄金笔厂、丰华圆珠笔厂先后从日本、英国等引进三色拉杆机、双色注塑机、150 克液压注塑机、200 克卧式注塑机进行注塑。

20 世纪 50 年代，模具以手工制造为主，其效率和精度远远达不到要求，尤其是一些型腔复杂、结构精细的模具，加工起来更加困难。1961 年，上海制笔电化厂运用电铸模新技术为金星厂加工 60 型金笔尖套取得成功，解决了型腔复杂的模具的开模问题。1963 年，上海制笔电化厂用塑料模芯替代金属模芯，提高了成模合格率。电铸模精度高、质量好、不变形、周期短，其表面光洁度和精度是手工模无法比拟的。随着技术进步，型腔复杂的模具还可采用线切割、电火花加工。

2. 冲压

1958 年，新华金笔厂为了改进冲制钢套工艺，将快速冲制改为慢速拉伸，冲制拉伸工序由 10 道改为 8 道。1963 年，金星厂研制成功钢套油压拉管新工艺并在全行业推广，弥补了用齿轮冲床拉管冲击力大，容易造成穿顶和多次退火，导致钢套表面硬度偏低的缺陷。新华金笔厂还采用转盘式抛光机，用擦光代替打砂。1964 年，英雄金笔厂研制成功转盘式自动整理器，钢套由机械振动、自动整理排列、自动跳落入模。20 世纪 70 年代初，新华金笔厂以大型链式抛光机替代转盘式抛光机，改多次抛光为一次抛光，使钢套抛光由手工操作改为全自动操作，使操作工人从粉尘飞扬、浑身灰黑的繁重体力劳动中解脱出来。20 世纪 80 年代，上海制笔零件四厂以 13 工位连续冲制机向实现钢套自动化连续冲制发展。

20 世纪 50 年代初，冲制笔夹是用超龄单机马达冲床或踏脚冲床完成的。1958 年，上海制笔零件二厂调整笔夹的冲压工序，使笔夹冲制由 12 道工序手工操作改为 3 道工序自动操作、7 道工序手工操作。之后，该厂研制成功 9 道工序连冲机，使笔夹冲制 9 道工序由一台机床一次完成，从而使笔夹成本降低 14%，工效提高 206%，质量合格率提高 5%。1963 年，该机在上海市科技成果展览会上展出，为此上海科教电影制片厂摄制了科教片。1979年，美国派克公司专家专程来厂参观，称该机已达国际水平。9道工序连冲机与自动裁料车、自动抛光机、自动双刀口落料车组成笔夹自动化生产线，比手工单机生产提高经济效益18倍。1990年，上海制笔零件二厂对平板插配式笔夹由冲切落料改为拉光，这项工艺使笔夹两侧的光洁度及外观质量有明显提高，并可节约材料25%～30%。

1965年之前，护胆管的冲制需经冲床5次拉伸、2次罩流线型、1次毛割。中间需4次退火、多次浸油，且都是手工操作，劳动强度高，生产率低，占地面积大。1978年，新华金笔厂进行革新，在上海解放钢厂配合下设计制造二、三、四拉伸机和五、六、七拉伸机各1台后，护胆管冷冲新工艺取得成功。该工艺不仅可以减轻劳动强度，提高生产率，降低报废率，还可以取消电炉退火工序，减少冲床设备，腾出场地面积 $20m^2$ 。

3. 零件加工

笔尖是完成自来水笔书写功能的主要结构件。制造笔尖包括冲切、压延、弯曲、焊接、磨削、滚光等几十道工序。

制造金笔笔尖的坯料需通过烊金、压条、轧片等工序。1931年，开始使用坩埚，以木炭为燃料，芭蕉扇鼓风，待金属熔化后注入槽模，铸成合金条子，再以八磅榔头槌打结实，成为轧片用的合金坯条，这种原始工艺一天只能烊一炉。1940年，改为砖砌炉烊金。1953年，采用炮仗炉烊金，安放大炉胆，用双坩埚生产，提高了烊金质量。1955年，建立烊金专用房，以焦炭冶炼，一直延续到20世纪70年代末。至1985年，新华金笔厂改用电炉烊金新技术，既减轻了劳动强度又提高了工效，黄金损耗大幅度降低。1989年，英雄金笔厂制成多孔高温坩埚电阻炉，进一步提高了烊金质量。

制造铱金尖的笔尖坯料需将不锈钢带料进行压延、切口、切齿加工成连条片。1959年，出现普铱5道工序连冲机，使连条片配套取得成功，缩短了工艺流程，提高了工效。

1950年之前，笔尖的打凹、打商标、冲孔等加工工序都是手工操作，1951年改用手扳冲床冲制，1956年又增设自动推尖装置。1960年，出现打眼、打商标、打凹3道工序连冲机。1973年，发展到从笔尖的落型到罩圆的7道工序连冲一机完成。

笔尖焊铱（俗称"点铱"）1931年由日本传入我国，以手工操作为主。1949年，引进英国祥生牌电阻压力半自动点铱机。1954年，标准笔厂根据国外样机研制出单相低压交流变压器点铱机，这种点铱工艺沿用了一段时间。1959年，华孚金笔厂制成第一台半自动点铱机，产品合格率从70％提高到80％。1960年，安装笔尖输送整理器，制成自动点铱机。1970年，改用三相低电压、大电流硅整流器的点铱机，产品合格率达90％。1977年，笔尖自动点铱机和自动磨四方机合二为一，倒棱角、修头、研磨和检验4道工序由一机完成，在全行业推广使用。

笔尖整形是对笔尖铱头进行表面加工，拼缝、冲缝是为了达到出水流畅、字迹粗细适中的目的。1955年之前，笔尖整形主要采用手工操作，之后改为自动加工。

笔胆有橡胶、塑料两种。最初，端忠笔胆厂生产橡胶笔胆供关勒铭厂配套使用。随着自来水笔的发展，生产笔胆的单位也相应增多。在全行业实行公私合营后，端忠笔胆厂等13家工厂合并为上海笔胆厂，之后又将分散在华孚金笔厂、新华金笔厂的笔胆生产先后于1958年、1959年停止，统一由上海笔胆厂专业生产。实现专业化生产后，笔胆产量大幅度增长，从单一品种发展到多品种。1963年，工厂改变配方，使笔胆的耐水性、耐酸性可与国际产品媲美。上海生产的笔胆还承担过为全国笔厂配套供应的任务。1984年之后，由于各地都在发展笔胆生产，上海的笔胆配套供应逐年下降。

笔舌有胶木、塑料两种。1937年，顺泰机器厂为金星笔厂少量生产笔舌。至1950年，已有中央教育用品厂、文宝工艺社、崇新笔舌厂等单位为笔厂配套生产笔舌。1956年，中央教育用品厂、文宝工艺社等10家单位合并改组为上海制笔零件一厂，专业生产笔舌。1962年和1965年，又先后将分散在华孚金笔厂、新华金笔厂、金星笔厂的笔舌生产集中到该厂统一生产，并对78个不同型号的笔舌进行归类整顿，除保留传统的锥尖形笔舌外，其他均按笔厂需要进行系列化生产。1990年，为行业配套生产各种笔舌10 932万只。

笔夹有弹性夹、弹簧夹两种。1938 年，正兴五金厂首先生产黄铜弹性夹，月产 5 万只，供大同自来水笔制造厂等使用。之后，随着笔类产品的发展，生产笔夹的工厂增至 20 家。至 1955 年，年产量达 2 202 万只，有平夹、圆头夹、凸形夹等 18 个品种。

1956 年，分散在各区的 20 家小厂合并成专业生产笔夹的上海制笔零件二厂，这不仅为各笔厂开发新产品创造了条件，还为国家节约了铜材，并先后研制出普通铝、高纯铝、不锈钢、铁皮等材料的笔夹，满足了各笔厂的需求。在实现专业化生产之前，黄铜弹性夹的产量占笔夹总产量的 99%。在实现专业化生产之后，由于笔夹品种增加，因而黄铜弹性夹的产量在 1990 年只占笔夹总产量的 29.6%。上海制笔零件二厂为英雄牌 100 型金笔研制了不锈钢弹簧夹，以配合该笔赶超国际水平。

在中华人民共和国成立之前，自来水笔笔尖上使用的铱粒大多数依靠进口。1954 年，华德文教用品社采用坩埚定碳熔珠法将废铱粒进行熔解制成复制铱粒。1956 年，在全行业实行公私合营时，上海铱粒复制厂成立。1957 年，该厂以新料自行配方试制 601 铱粒。1958 年，研制成功用于金笔的 412 铱粒。之后，国家停止进口铱粒，并将该厂更名为上海铱粒厂。1961 年，该厂以锇、铱、钌、铑、铂为原料，采用空气电弧熔制工艺生产出高级金笔用的 617 铱粒，被广泛应用于金笔尖上。为了使用国产原料生产铱粒，上海铱粒厂在冶金部有色金属研究所的协作下，于 1977 年根据旋转电极制造粉末原理，研制成功 188 铱粒，被上海市轻工业局评为重大科研成果。国产铱粒的研制成功，不仅为国家节省了大量外汇，而且为上海发展自来水笔提供了可靠的保证。

笔套也是所有零部件中的一个重要部分，主要有铝笔套、不锈钢笔套两种。1958 年上海制笔电镀厂（上海制笔电化厂前身）生产普通铝笔套，色泽近似镀金。该铝笔套因为耐磨度差、易褪色而停产。之后，该厂成功研制出高纯铝笔套，解决了普通铝笔套存在的问题，为各笔厂不断发展新品种提供了配套保证。1983 年，该厂成功研制出双色两次氧化笔套、浮雕笔套，为永生牌 227 型高级铱金笔和英雄牌 255 型高级铱金笔配套，美化了产品外观，提高了高级铱金笔的附加值。此外，该厂还积极研制具有花纹别致、立体感强、经久耐用等特点的新漆笔套。不锈钢笔套在20世纪50年代由中国文具、勤奋等小五金厂生产，供应给各笔厂使用。从20世纪60年代起，改由华孚金笔厂、新华金笔厂等自行生产。在建立专业工厂生产不锈钢笔套之后，不锈钢笔套的数量和品种均有很大发展。

第四节　产品记忆

关勒铭牌金笔的创始人是关伟林，字崇昌，广东开平人，生于1881年，早年家境贫寒。18岁那年，他随叔父远去美国谋生。最初他学习裁剪服装，之后又开办饭店。由于勤奋好学、经营得法，他获得了一些收入。早期，中国人常年使用的毛笔和墨在美国很难买到，当时美国社会已普遍使用自来水笔，长期习惯使用毛笔的关崇昌受到启发，从国内购得毛笔笔头，装上美国当地产的自来水笔杆，生产出一种新型毛笔，受到大量华侨的欢迎。1926年，通过亲朋好友的帮助，正式创办自来水毛笔生产工厂，并以他独子关勒铭的名字命名，产品商标和企业名称一样，叫关勒铭牌。除了从国内邮购狼毫、羊毫毛笔笔头制成自来水毛笔外，还兼售用美国原料配制的专用墨汁，并向美国政府申请注册，获得专利。

关勒铭牌自来水毛笔一经上市，就受到顾客的欢迎。生意虽然不错，但产品的主要销售对象是旅美华侨。因为一支自来水毛笔的使用和自然损坏需要一个周期，所以产品销量在美国始终无法上升，销售对象一时也不容易扩大。面对这种情况，关崇昌认为，如果要让工厂长期生存下去并有所发展，转向国内市场是一个不错的选择。

1928年，他携全家将整套制笔生产设备、原材料等运至国内，选择当时工商业最为发达的上海作为落脚地。另外，他聘请从复旦大学商科毕业的同乡好友甘翰辉为自己的助手，开始大量生产自来水毛笔。1929年，为了扩大产品种类，他去美国集资并选购新式的生产设备，开始生产自来水金笔和钢笔。当时工厂生产的自来水笔的笔尖，主要从售价相对较低的英国和日本进口，装上自己生产的笔杆后对外出售。

20世纪20年代末，洋货在国内市场畅销，文具行业的笔类产品也是一样。在国内特别是沿海城市，进口派克、犀飞利和华脱门等金笔很受消费者欢迎。国货在质量、款式和花色品种等方面均无法与洋货相提并论，关勒铭牌金笔等产品也与其他国货一样，销路不畅，还时常面临亏本的危机。

在抗日战争时期，交通运输受阻，市场萧条，关勒铭厂一度停业，于1938年复工，次年月产自来水笔约200罗（每罗12打，共144支）。日军强行进驻上海租界后，关勒铭厂又陷入困境。为了扩大产品销路，关崇昌多次开展市场调研，及时与技术人员研制出一种非常适合青年学生使用的50型学生用钢笔。这种产品价格适中，造型美观，颜色多样，很受广大青年学生的喜欢，出现了产品供不应求的局面。由于有了一定的经济基础，再经过大量的技术改进，关勒铭牌金笔逐步受到国人的青睐，成为市场上的国货名牌产品。难能可贵的是，当时工厂装配金笔所用的零配件已经全部实现了国产化。

1946年，企业完成增资，改组董事会，梁冠榴任董事长。关崇昌因年老多病，故未安排具体职务，次年回广东原籍休养。1950年，关勒铭厂经政府批准，成为上海市最早实行公私合营的企业之一，关崇昌被聘为该厂顾问，关勒铭牌金笔等各种笔类产品也迅速恢复生产。

金星自来水笔制造厂是民国时期一家规模较大的金笔专业生产厂。该厂创办于1932年，由金星建、金星斌、金星文三兄弟合伙在上海法租界格罗西路（今徐汇区延庆路）上的一幢三层楼住宅内筹建。该厂最初对外挂牌说生产金笔，实际上只是装配一些进口笔类的零配件，其中笔尖是从日本进口的，笔杆是从美国购进的。1933年年初，金氏兄弟向当时的商标主管部门申请注册了他们三兄弟姓名里相同的两个字"金星"，作为产品商标名称。后来，该厂还向政府部门注册了爱国牌等金笔商标。早期，该厂生产的产品主要由上海颖源号老板周子柏帮助经销。

1933年11月，周子柏一次投入2.5万元，与金氏三兄弟合资将原来的小厂改成股份有限公司。同年年底，金氏三兄弟因筹建另外一家制笔厂而退股离开，工厂由周子柏等人继续经营。因为周子柏很注重产品质量，所以金星牌金笔很快就在上海文具市场上占有了一席之地。

20世纪30年代，我国生产金笔、钢笔的民族工业企业全部集中在上海，除了金星牌之外，还有小有名气的博士牌、关勒铭牌和新民牌，市场竞争十分激烈。周子柏认为，提高产品质量，特别是笔尖质量是很关键的。一支好的金笔，笔尖一定要富有弹性，书写时才能流畅顺滑，而这与笔尖的含金量有直接的关系。关于生产笔尖的原料黄金的成色，金星厂决定请专业部门进行鉴定，这对金笔质量的提高起到了很大的促进作用。为了让金星牌金笔进入永安百货这样的大公司，周子柏先是派人不断到永安百货柜台上去询问有没有金星牌金笔。然后再托人向永安百货的金笔柜长、进货部长游说，请求他们试销。经过一番周折，永安百货终于答应采取寄售方式销售看，但要等到货卖出去后才算成交。如果一个星期内无人问津，货物全部退回。周子柏把货送进永安百货后，每天派厂里和家里的人装扮成专买金星笔的顾客，一支一支地把寄售的笔再买回来，这样持续了一段时间之后，总算在百货公司打开了一条销路。

抗日战争爆发后，上海等地区的交通受阻，由于制笔原料大量减少，一些制笔厂无奈之下先后停产，市场上的国货金笔产量锐减。当时，敌后抗日根据地对笔的需求量很大。在这种形势下，金星厂于1938年下半年恢复生产，并将所生产的优质金星牌金笔直接销往解放区，支援抗日前线。到抗日战争胜利前夕，金星牌26号、28号两种型号的金笔在解放区已是供不应求。在中华人民共和国成立前夕，由于货币贬值、物价飞涨，金星牌金笔曾成为一些不法商人扰乱社会经济秩序的工具，金星厂不得不在销售方面加以严格限制。

中华人民共和国成立之后，为了响应国家号召，上海金星厂北上支援华北、东北地区发展制笔工业。1951年5月，上海金星厂分厂在北京创办。1952年9月，北京分厂建成投产，生产出已是全国知名的金星牌金笔。北京分厂将生产的第一支金星牌金笔献给了毛泽东。金星牌金笔曾作为慰问礼品送给抗美援朝的志愿军战士，全国劳动模范、先进工作者也曾得到过金星牌金笔作为奖励。金星牌金笔还出口到东南亚和东欧各国，成为我国制笔行业的名牌产品。

华孚金笔厂由我国近代知名工商业者、制笔专家周荆庭创办于 1931 年。1900 年 9 月，周荆庭生于浙江奉化北门村一个小商人家庭，未读完小学便外出谋生。1916 年，16 岁的周荆庭经亲友介绍，在奉化当地大桥镇聚成纸张商铺当店员。20 岁那年他由奉化来到上海，在上海邬文记文具店工作，还协助泰生洋行业余推销糖精、干货、食品等。

1921 年，他独自创办志成商号，主要推销金笔等文具。因为当时国内还无法生产金笔等具有一定技术含量的高档文具，要做金笔生意，只能向洋商进货。周荆庭在进货时，经常会受到外国文具商冷眼相待，所以他暗下决心，要早日生产出国产金笔，为国争光，不再看洋人的脸色过日子。周荆庭认为，金笔具有外形美观、灵活轻巧、使用方便、便于携带等诸多优点，一定会在国内广泛流行，其市场发展潜力巨大。

1927 年，周荆庭与好友竺芝珊、沈柏年等合资，在当时上海的文化街——棋盘街（今河南中路、福州路至延安东路一段），组建合群自来水笔公司，专门经销世界各国生产的自来水笔、金笔和其他常用文具用品，几年下来获利不少。20 世纪 20 年代末，在上海市场上已经出现国产自来水笔，虽然有部分配件还是从国外进口，但毕竟已跨出了重要的一步。

1931 年，周荆庭认为自己创办自来水笔生产厂的时机已经成熟，因为当时无论是创办资金，还是生产技术、市场销路等各个环节，他感到自己均能掌控。他与好友合伙，购买制笔用的机械设备和半成品配件等，并租借上海杨浦地区的华德路（今长阳路）宏源里 38 号，正式创建上海华孚金笔厂。工厂名选用"华孚"两字，含有"中华繁荣昌盛"之意。因为希望在国内制笔行业内，新生的民族制笔工业品牌能在国内外金笔市场竞争中尽快地成长起来，所以把产品商标定名为新民牌。之后，工厂还陆续使用过合群牌、学士牌和华孚牌等商标名称。

1933 年和 1935 年，在上海举办的第四届和第六届国货运动大会上，华孚金笔厂生产的新民牌金笔被列为最优等奖和特等产品奖。正如该厂的产品广告所称的那

图 7-16　华孚金笔的产品广告

样："华孚金笔为国货中出类拔萃之制品。制作之精巧，质料之坚韧，笔尖之滑顺，储墨之量宏，颜色之繁富，较之舶来品更为完美，而售价则廉至一半。"从市场销售情况来看，这些广告语确实不是夸夸其谈，因为华孚金笔厂的产量和销售业绩年年大幅增长。

1935 年，为了扩大生产规模，工厂迁至韬朋路（今通北路）寿惠里，同时增设墨水部，生产与自来水笔配套使用的新民牌蓝黑墨水。新民牌金笔和墨水价廉物美，深受上海及江南一带消费者的欢迎。至 1936 年，该厂月产各种金笔 2 000 打。1937 年 1 月，周荆庭决定将工厂历年所获的共 20 万元利润，投入工厂经营中，继续扩大再生产规模，并组建股份有限公司。当时，公司已有 200 多名员工，月产自来水笔超过 3 000 打。

1940 年上半年，工厂决定收购倒闭的大众制笔厂。1949 年 5 月，华孚金笔厂逐步恢复金笔生产。之后，工厂实行了公私合营，绿宝金笔制造厂、大同制笔厂等先后并入。1966 年 10 月，华孚金笔厂更名为英雄金笔厂。

绿宝金笔制造厂由 20 世纪 40 年代国内工商界知名度很高的女性汤蒂因创办。早年，她从事文具的销售工作。抗日战争时期，交通时常受阻，金笔等文具进货渠道不畅，汤蒂因就想自己开办一家金笔制造厂。但开厂首先要有厂房、生产设备、产品原料等，不但资金投入大，市场风险也高，而她一时间也根本无法筹集到那么多资金。经过仔细研究，她决定先采用"借鸡生蛋"的办法，找一家金笔制造厂代为生产，即委托别人定牌代为加工。

经过与上海多家金笔制造厂洽谈，至 1944 年春节期间，她最终与上海吉士自来水笔厂洽谈成功，由该厂代为定牌生产金笔。除了严格监督产品质量之外，她还要求生产厂家在每一支金笔的笔夹上，嵌入"绿宝"的英文字母"Green Spot"及其商标图样。工厂生产出来的全部产品，由她全权负责市场销售。

1945 年 8 月抗日战争胜利后，国内金笔市场的销售形势有所好转，汤蒂因审时度势，决定创办自己的金笔制造厂，并正式以"绿宝"两字作为工厂和商标名称。在商标名称和图样确定后，汤蒂因马上向国民政府经济部商标局申请商标注册。

当时上海一地的金笔及配件生产企业超过 20 家，由于市场竞争激烈，很多小型制笔厂面临困境，市场上的金笔一度出现供过于求的局面。面对严峻的产销形势，汤蒂因感到，除了要有过硬的产品质量之外，各种形式的广告宣传也是日常经营中不可缺少的重要环节。在产品生产出来之后，汤蒂因马上采取广告攻势，花费大量资金在车站、码头、路牌、车厢等处做广告，打开产品销路。

1946 年初，汤蒂因独资经营的绿宝金笔制造厂所生产的各种金笔出现了销售高峰。除了在市场上具有一定声誉的绿宝牌之外，工厂还适时研制开发了许多新产品，如女皇牌，其主要销售对象是社会高级知识女性。此类产品选料考究，采用上等高级花色赛璐珞做笔杆，无论是在自然光下还是在各种灯光下，均能显得深邃剔透，给人一种气质高贵典雅的感觉。产品的外形设计也很别致，笔杆中间稍显纤细一些，犹如女性优美的身材。长寿牌产品的主要销售对象是老年人。此类深色金笔的笔杆较粗，便于老年人握笔，而笔杆材料选取普通的深色赛璐珞，价格较为便宜。这种金笔在市场上一经推出，马上受到广大老年人的欢迎，尤其是老年知识分子的青睐。

汤蒂因还专门设计了款式、颜色、内部结构等完全相同，只是外形尺寸略有差异的一对金笔，放在一个精致的礼品盒内。汤蒂因将这一大一小两支金笔取名为鸳鸯金笔，并以"鸳鸯"作为商标名称。这种鸳鸯金笔售价虽高，但其美观大方，可作为一种高级礼品，一经上市便受到人们的喜爱。市场上还曾出现一种小朋友牌金笔，也是汤蒂因主持设计的。这种金笔在传统金笔的基础上，适当减少笔杆用料，但增强笔尖的耐磨性，在外观上采用红、黄、绿等明快色彩。当时，这种小朋友牌金笔在中小学生中十分流行。

1949年5月上海解放之后，在上海市人民政府的关心和扶持下，长期在夹缝中求生存的绿宝金笔制造厂获得了较大发展。绿宝牌金笔价廉物美，产品全部由国家包销，绿宝牌也跻身于国内名牌之列。

能够取得如此成就是与汤蒂因的曲折成长经历相关的。1916年，汤蒂因出生在上海一个贫寒的市民之家，父亲给她取名叫汤凤宝，希望女儿将来能成为凤中之凤。1周岁的时候，她被过继给邻居沈文元家，沈家膝下无子，当即给她改名为"招弟"。上学读书略通文墨后，她觉得这个名字太俗，就恳请一位有学问的老中医为她改个名字。老中医问清她是12月出生的，便不假思索地说："小姑娘，那你就叫汤蒂吧！"

老中医说："蒂也指梅花的蒂，希望你经得起摔打，受得住苦寒，就像梅花那样，总在寒冬腊月绽放，显示出与众不同的铮铮风骨来……"好像冥冥中有种力量要验证老中医的话一样，汤蒂因在自己的人生道路上确实屡经风霜，她也果然如寒梅一般，经风霜而不凋。

汤蒂和哥哥汤锡蒙同在一个学校读书，但两人在家里的地位和待遇却有着天壤之别，尤其表现在受教育方面。哥哥作为家里的独子，读书似乎是天经地义的事情，家里即使砸锅卖铁也要送他上学。而汤蒂却不同了，父亲常说一个女孩子家只要能认几个字、会记几笔流水账已经足够了。读完小学6年，汤蒂在全班考了第二名，她拿着比哥哥优异的成绩单，兴冲冲地送给父母看，并准备提出考务本女子中学。谁知父母对她的好成绩均不屑一顾，而且他们几乎是异口同声地说："小囡还读啥中学？家里有多少事等着你！"就在哥哥背着书包兴高采烈地去上学的时候，她被母亲叫上了阁楼，开始学习做针线活儿、管事务。对这些毫无兴趣的她，这时就满腹心酸地想：同是父母所生，为什么我就不能得到平等的对待？难道生为女人，天生就没有受教育和闯天下的权利？这一切，到底是谁造成的？汤蒂丝毫没有因为被困在小阁楼上而甘愿向命运屈服。父亲是报贩出身，他买《儿童世界》《小朋友》《小说月报》这一类的杂志从来就不吝啬，这为困在家里的汤蒂打开了一扇无形的窗，促使她从心底渐渐萌生了这样的念头：要去闯荡世界。

有一次，上海《新闻报》刚刚送到，汤蒂像往常那样抢着打开报纸，寻找每天必读的《啼笑姻缘》连载。但这次连载小说还未看完，另一行文字却跳入了她的眼帘。这是广告栏里的一则由益新教育用品社刊出的招收女店员的广告，上面写着：益新教育用品社需要招收女店员 5 名，条件必须是初中毕业。逐字看完这则广告，汤蒂心潮起伏，心想小学生能考吗？她按照报纸上提供的地址，诚恳地给益新教育用品社写了一封信，信中希望能给她试一试的机会。回信很快来了，同意她去应考！结果汤蒂以优秀的成绩被录取了，刚满 14 岁的汤蒂，有了一份属于自己的工作！

一开始汤蒂被分配在金笔柜台，她当时不可能想到这竟然让她与金笔结下了不解之缘。当时她能想到的只是以最快的速度，记住摆放在面前的几十种各式各样、花花绿绿的金笔。3 个月后，汤蒂在柜台上已能应付自如，她不仅对金笔价格和性能烂熟于心，而且能视顾客的地位和身份，提出令他们满意的建议。她与顾客慢慢地交上了朋友，热心的顾客到店里来，有时什么也不买，仅仅是为了来看她一眼。

汤蒂在益新教育用品社听行家们说，中国的金笔制造业之所以发展缓慢，是因为从诞生之日起，就受到外国资本的疯狂排挤。最早垄断国内市场的是日本货，因价格低廉，每支只售二三角，远远低于国货的成本，所以很快占领了我国市场。之后，美国的康克今、华脱门、爱弗释、犀飞利、派克等老牌金笔也蜂拥而至，上海各大文具商店、书店，特别是著名的永安百货、先施百货、新新百货等大公司往往只经销一种或两种进口金笔，国产金笔被拒之于柜台之外。

汤蒂是个有心人，她把有关金笔制造和销售的点点滴滴的信息，暗暗牢记在心里。一段时间之后，她发现，自己竟然对陈列在眼前的各种金笔有种莫名其妙的留恋。

她喜欢看见这些金笔一支支地通过自己的双手卖出去，也乐于为老板及时总结销售规律，提出一些诸如该进什么货，该向哪些学校和团体联系批发业务等建设性的意见。

汤蒂还摸索出一些销售经验，她将所有顾客分为 3 种类型：第 1 种是目标明确的，需要买什么，我们就拿出什么。第 2 种是想买，但举棋不定，这就需要我们做参谋，帮助拿主意。如对方要买金笔，我总是重点推荐关勒铭、金星、新民等国货，讲它们的优点。说到美国货，质量是不错，但价钱贵。日本货虽廉价，但质量不好。中国货价廉物美，我们中国人还是用中国货好。第 3 种是潜在顾客，他们完全无特定目标，仅是逛逛、看看而已。我们要不厌其烦，服务周到，因为今天不是买主，留下良好的印象，说不定明天就是我们的买主。

汤蒂如此热心地推销国货，而且服务周到，很快便深得顾客的喜爱。她总结出的接待顾客的经验和不时提出的建设性意见，使老板也对她另眼看待。汤蒂成为店里的顶梁柱，她先是被提升为门市部主任，接着又被提升为进货部主任。19 岁那年，汤蒂离开了益新教育用品社，自己开办了一家现代物品社，并将自己的名字更改为汤蒂因。

第八章　立式钢琴

第一节　历史背景

　　1870 年，英商在上海开办谋得利洋行，专做风琴和钢琴的进口生意。之后，又在上海市闸北区宝山路开办谋得利琴厂，进口风琴和钢琴散装的部件，利用上海的廉价劳动力进行装配，配制琴壳后整架出售，获取高额利润。钢琴、风琴等乐器是由于传教和办学的需要而在中国发展起来的。

　　当时，装配钢琴或风琴的关键性技术工种由外商直接掌控，不让中国工人插手。但部分工人在长期的实践过程中刻苦钻研，终于比较全面地掌握了关键技术。1895 年，黄定海等几个工人离开谋得利琴厂，在上海三马路（现汉口路与福建中路交叉路口）开办中国第一家琴行——祥兴琴行，以销售和承接修理业务为主。1900 年，永兴琴行成立。1908 年，律成风琴厂成立。1914 年，鸣凤风琴厂、共和风琴厂、赓和风琴厂成立。1922 年，谋得利琴厂职工顾之荣等 3 人在闸北开办精艺琴行，起初从事修理业务，之后转入制造业务并获得成功。1923 年，上海已有 8 家风琴制造厂和 3 家钢琴制造厂，改变了外商独占中国风琴、钢琴市场的局面。由于当时中国中小学教育普设音乐课程，风琴、钢琴的需求量与日俱增。至 20 世纪 20 年代末，上海的制琴厂商有 20 家，其中风琴厂 13 家、钢琴厂 7 家（包括修理），部分风琴产品也于当时出口东南亚地区。在抗日战争期间，上海大部分琴厂被毁，制琴行业濒临绝境。在抗日战争胜利后，制琴行业有所恢复，当时有制琴厂商 11 家，月产风琴 200 架左右，钢琴仅数架，以修理旧琴为主。

　　1946 年，延安交响乐团副团长、大提琴家张贞黻开始试制小提琴。在行军途中，他也扛着板料坚持做琴。1948 年，他不幸去世，临终前还嘱咐战友："北平解放后，一定要办起乐器厂……" 1949 年 6 月，曾和张贞黻一起在延安工作的陈艾生受华北人民文艺工作团委派办起了人民艺术服务社（属机关生产性质）。起初的工作人员仅有他和王来安、何汇泉，资金很少。王来安早年曾在上海学习和从事钢琴组装工作，他把自己的工具和材料带来承接一些乐器修理业务。1950 年，工作人员逐渐增多，开始制作提琴和风琴等乐器，并正式成立乐器厂。同年，生产出 1 架立式钢琴，翌年即生产出 11 架。这些钢琴是在资金和物资极度匮乏的情况下生产出来的。王来安把自己的手摇缠弦车等器械和专用工具贡献出来，职工们拉着排子车去收购木材和其他材料，本应是最简单的机械加工的活，也硬是以手工完成。大家不分昼夜，吃住都在简陋狭窄的厂房里，遇到的最难的事情是钢丝不足，只能千方百计找来一些轮船用的钢缆，拆开拔直使用。

中华人民共和国成立之后，随着文化教育事业的蓬勃发展，各种文教用品的需求量激增，这也带动了乐器行业的发展。1956 年，上海制琴行业进行调整、归并，成立了 3 家风琴中心厂和 1 家钢琴中心厂。1958 年 4 月，这 4 家中心厂及所属 29 家琴行和零部件小厂合并，在谋得利琴厂的旧址建立上海乐器厂，生产钢琴和风琴。在公私合营后，鸣凤琴行和上海琴行研制成功 7 英尺卧式钢琴和 9 英尺卧式钢琴。上海乐器厂集中技术力量，自行设计、生产钢琴和风琴，设立铸件车间，成为全能生产厂。1960 年，生产风琴 1.92 万架，钢琴 2 273 架。1961 年，风琴停产，钢琴内销停滞，各工厂基本处于停产状态，上海乐器厂以兼产出口玩具小钢琴维持生计。为了保证工厂员工的基本生活，也为了维系工厂的生存、完成国家出口任务，工厂努力提高钢琴质量。1966 年，生产钢琴 865 架，其中出口 850 架，完成了出口任务，同时也保留了技术体系。1967 年，上海乐器厂更名为上海钢琴厂。1977 年，完成生产钢琴 2 500 架的目标，其中出口 1 950 架。

珠江牌第一架立式钢琴诞生于 1956 年 11 月，它是以香港制造的钢琴为样板，以钢缆的钢丝制作琴弦，用旧柚木家具板制作钢琴外壳，用旧花旗松大床板制作音板，用进口的西药桶木制作弦轴板。1957 年，国家投资 26 万元改造厂房设施，钢琴开始进入小批量生产，年产 55 架。同年，珠江牌钢琴在第一届中国出口商品交易会上亮相，

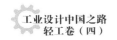

通过香港出口到新西兰、新加坡、加拿大等国家，从此进入了国际市场。

1976 年至 1984 年，随着国家设立上海、北京、广州、营口四大钢琴基地，中国的钢琴设计与制造得到了快速发展。上海、北京、广州钢琴基地的设立是考虑到现实的大量需求，这些城市的艺术院校、艺术团体比较集中，需求量大，同时又可以兼顾北方及南方少量的家庭需求。当时，福建的鼓浪屿有相当大的钢琴存量，但几乎都是进口产品，需要维修、保养。从制造条件来看，上海、广州的产业基础比较好，设立营口基地主要是考虑方便加工东北优质木材。北京钢琴厂在生产出第一架钢琴时，还没有定下自己的商标品牌，只是在键盘盖上钉着"新中国乐器工厂制造"的铜牌，之后曾使用过"北京"作为临时商标。直至 20 世纪 60 年代初，首次使用我国近代人民音乐家的名字命名钢琴品牌，星海牌还扩展应用到北京产的其他乐器产品上。我国的上海钢琴厂、营口东北钢琴厂、广州钢琴厂、北京钢琴厂是当时仅有的四家国营钢琴厂，在不同时间分别推出了上海牌、聂耳牌（上海产）、东方红牌、幸福牌（营口产），星海牌（北京产）以及珠江牌（广州产）。1981 年，在全国钢琴制作评比中，中型立式钢琴的工艺制作优秀奖由上海钢琴厂（聂耳牌）获得，声学品质优秀奖由北京钢琴厂（星海牌）获得，演奏性能优秀奖由广州钢琴厂（珠江牌）获得；小型立式钢琴的工艺制作优秀奖由广州钢琴厂（珠江牌）获得，声学品质优秀奖由上海钢琴厂（聂耳牌）、营口东北钢琴厂（幸福牌）获得，演奏性能优秀奖由上海钢琴厂（聂耳牌）获得。

1984 年，上海钢琴厂经过第二次重大技术改造后，生产组织趋于合理，可以按市场需求研制生产卧式、立式两大系列多种型号钢琴产品。1987 年 11 月，为了进一步扩大生产规模，解决生产场地不足的难题，以上海文教用品公司所属的上海钢琴厂、上海乐器修配厂和原上海樟木箱厂（转产钢琴）为母体，组建上海钢琴公司，由上海市第二轻工业局直接领导，实行专业化生产。1988 年，由于木材提价，风琴生产不断亏损，上海钢琴公司逐步压缩风琴生产规模。1988 年和 1989 年，每年生产钢琴1.3 万架，为该厂历史最好水平。

20 世纪 80 年代中期，因为看好钢琴产品的发展前景，新建工厂纷纷涌现，如上海的乐皇钢琴厂和长音钢琴厂等。但是，因为质量不过关，又受到成本、市场等条件的制约，长音钢琴厂于 1990 年停止生产，乐皇钢琴厂也改为修理钢琴。与这些新建工厂不同的是，位于上海川沙县的华声钢琴厂专业生产钢琴零部件——击弦机锤头，供各地钢琴厂配套。这个工厂属于在扩大产能的过程中建立的联营厂，因为坚持专业化生产，所以形成了自身的核心竞争力。

第二节　经典设计

　　立式钢琴有中型、小型两种，基本以传统钢琴的结构、造型设计生产：有的属于传统型，是家庭使用的理想产品；有的寻求自然感、怀旧感，是传统化装舞会、古典酒吧、咖啡屋中使用的理想产品；有的外观加工精良，表面亚光装饰，并具有文艺复兴时期的风格；有的琴键长度比一般立式钢琴要长，弹奏者弹奏起来更加舒适，音乐表现力也更强。

　　从外观设计来看，以圆柱体造型的琴腿配以相关的谱架、琴凳是最常见的产品。琴腿被设计成 45° 弯腿，并配以相关的谱架及琴凳的是法式经典造型。还有体现美式钢琴风格的传统款式设计，其特点是古朴典雅。虽然钢琴外观的设计风格各种各样，有的融入了西方古典、新古典家具的造型特征，有的在色彩方面更加符合特定使用对象的喜好，但是钢琴的基本结构没有太大改变。钢琴是由弦列、音板、背架、键盘机械系统和外壳五大基本部件近万个零件组装而成的。

　　（1）弦列：它支撑着由按顺序排列的绷紧的琴弦、稳固琴弦架、共振系统等多种金属和木制件共同组成的一个整件。弦列对整架钢琴能够长期在重载状态下正常工作起着关键的作用。

　　（2）音板：由共振板、肋木、音板框和弦马组成。共振板就像一个薄板片，下面粘贴按一定距离排列的肋木，周边粘贴音板框，上面固定中、高音弦马和低音弦马。在琴弦振动时，通过紧附在音板上的弦马的传递，音板开始工作。音板是对钢琴音质起着重要作用的部件之一。琴弦经弦槌敲击后振动发音，通过弦马的传递，音板承受来自琴弦的振动而改变振幅，加强其原有音响。优良的音板在理论上应该能够担负频率从 27 Hz 到 6 000 Hz 的均匀共振，把它从振动的琴弦获得的能量尽量多地传播到空气中，并滤去杂音，人们就能听到优美的钢琴声。

（3）背架：由边柱、立柱、上梁、下梁、塞木、弦轴板、后背板、把手等组成。边柱和立柱的两端制成榫头，装入在上梁、下梁中加工成的与之配合的榫孔内，构成背架的边框和中间支撑架。在中间支撑架的空隙间，按照间距尺寸配截塞木塞装其中，形成中间横梁。它与上梁共同组成弦轴板的支撑面，弦轴板粘贴在这个支撑面上。为了搬琴方便，在边框钻有装入把手的孔，把手的榫头固定在孔中，背架后面在上梁与塞木上盖着后背板。

（4）键盘机械系统：由键盘和击弦机两部分组成。

键盘包括琴键和键盘框。琴键是钢琴的弹奏部分，由黑键和白键组成，共88个。键盘框由前框、后框、边框和中间高于框架的横木条组成。

击弦机由铁架、主梁、枕梁、调节器和启动器、转击器、制音器等多种零部件构成，这些经过反复设计、精心安排的构件严密地组合在一起，形成一个完整的复奏式杠杆系统。当弹奏琴键时，琴键后端跷起，其后端的卡钉推触着连动杆，使它以主梁为轴绕动。装在连动杆上面的顶杆，随着连动杆的抬起，推触着转击器，使转击器仍绕主梁运动，随之带动装在转击器上的弦槌，激发琴弦发音。

（5）外壳：由顶盖、上门、下门、键盘盖、上锁门条、下锁门条、下门底框、琴底板、侧板、中盘架、中盘、琴腿、琴脚等组成。在搬运时，顶盖、上门、键盘盖、下门可随意拆卸，其他部分不可随意拆卸。

钢琴的原料主要包括木材、有色金属、黑色金属、皮革、呢毡和化工材料等22大类680个品种。风琴的原料与钢琴大致相同。中华人民共和国成立之前，多种材料及配件均为进口。中华人民共和国成立之后，因为得到各工业部门的支持，所以自给程度有所提高。例如，所需木材经林业部门特许，可以到东北林区直接选用水曲柳、楸木、红松和白松等优质木材。20世纪80年代末，白松产量减少，到四川省采购云杉作为补充。1986年起，木材价格放开，采购难度增大，上海在吉林浑江、四川雅安等地建立联营厂，利用当地资源生产钢琴，又与吉林长白八道沟木器厂合建钢琴部件生产基地，向上海提供各类坯料，节约运输费用和流动资金，起到互惠互利的作用。

钢琴击弦机槌头原需进口。1953年，上海研制成功。20世纪60年代，在上海毛毡厂的协助下，试制槌头专用呢毡获得成功。钢琴的击弦机原来只有一种规格，但用在高琴或低琴上触感反应有所不同。20世纪80年代末，上海设计出大、中、小不同规格击弦机与不同型号的钢琴配套，生产中使用砝码测试琴键下沉重力，使琴键支点更为合理，弹奏时触感舒适，琴键弹跳灵活。

钢琴的质量主要体现在使用性能方面，以音准、触感和外观为前提，其中钢琴

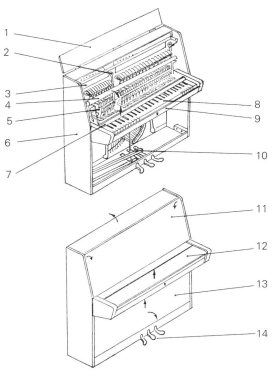

1—顶盖；2—支架与稳固螺母；3—弱音横挡；4—背挡；
5—击弦机；6—侧板；7—压键挡；8—键盘；9—锁挡；
10—踏板螺母；11—上门；12—键盘盖；13—下门；14—踏板

图 8-1 立式钢琴主要部件示意图

对声学品质方面的要求最为严格。在调音操作中，早期是以音叉在中音区定音后，随之向两端高、低音区展开调试。200 余根规格不同的琴弦全凭调音者的听觉和经验进行调音，时有差异。20 世纪 60 年代起，上海研制成功电子频闪仪测定琴弦振动的频率，加上共鸣结构、击弦系统的配合，使钢琴发音达到高音明亮清晰、中音优美洪亮、低音丰满浑厚的效果，琴声悦耳动听。琴弦钢丝、申达呢等材料，虽然当时国内具备生产制造能力，但因总需用量不大而未生产，故选择进口。

钢琴外壳对油漆工艺要求极高，历来采用泡力水（虫胶清漆）、蜡克（硝基木器清漆），需人工多次涂刷，费工费时。1965 年，上海乐器厂用不饱和聚酯替代蜡克，既使漆工摆脱了半个多世纪以来一直使用的棉花团，又使漆膜光亮如镜。1986 年引进的日本涂装作业线需使用日本生产的专用涂料，花费大量外汇。1989 年，在上海昆山化工厂的协助下，研制成功国产的气干型聚酯漆。1984 年，上海钢琴厂自行设计皱纹漆喷涂流水线，改进了近百年来手工披嵌泥子的落后工艺。1986 年，

图 8-2　聂耳牌立式钢琴

图 8-3　钢琴的黑键和白键

该厂引进日本涂装作业线，进一步改进了漆膜工艺，以喷、淋方式替代刷漆，既节约了工时，又提高了琴壳漆膜的平整度。

琴壳部件面积较大，常因气候变化而翘曲、变形。自 1965 年起，上海钢琴厂研制细木工板工艺，改用多层夹板替代实木板制成琴壳部件，使之不易变形。琴壳表面使用贴皮工艺，即将水曲柳、楸木、柚木或桃花芯等优质木材的切片薄皮作为贴面装饰，具有花纹美观、精致大方的特点。该厂还采用复合音板工艺解决了以往音板因地区气候不同而出现开裂、发音不稳定的问题。

聂耳牌钢琴音板边界周围的加工厚度为 7 mm，中间部位最大厚度为 9 mm，形成等高线的形状，增强了音板的共鸣性，可以发出丰富洪亮的声音。碾压而成的云杉木双层音板造型雅致，确保钢琴线条优美流畅。聂耳牌钢琴的高音、中音、低音过渡细腻，声音稳定，接近于卧式钢琴的音色。

聂耳牌钢琴的黑键由黑檀木制成，给演奏者带来美妙触感的同时也使钢琴更显名贵。钢琴的黑键和白键都是演奏用键，通常有88个，其中包含52个白键和36个黑键。钢琴的52个白键循环重复使用七个基本音级名称。

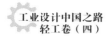
第三节　工艺技术

钢琴的生产工艺比较复杂，对质量有严格的要求。1958年之前，我国的风琴、钢琴生产基本依靠手工，仅有数台简陋的机器设备。1958年之后，开展了群众性技术革新活动，自制专用设备数十台，锯、铣、刨、钻普遍以机械操作代替手工，还添置了大批木工专用设备，使木制部件逐步实现了规格化和标准化。

铁板又称铁骨，无论是卧式钢琴还是立式钢琴，其铁板的制作都是最为重要和关键的一环。铁板是琴弦张力的载体，承担着来自琴弦的全部张力，是整架钢琴重要的支撑架。灰口铸铁是制作钢琴铁板最恰当的材料。通过对钢琴铁板进行应力分析可知，灰口铸铁足以承担来自琴弦的全部张力，而且灰口铸铁具有硬度适中、容易钻孔、铸造表面容易清理等优点。为了保证铁板受力均匀，在设计时应当注意琴弦拉力的分布情况。

为了提高铁板的机械强度，需要在铁水中加入废钢，比例为100∶4。为了增加流平性、降低硬度，可以适当加入锡，使板面变软、易于钻孔。铸造铁板首先要制作铁板的铸造模型，在制作时要注意各相接的断面之间厚薄差异不宜过大。由薄向厚的交接需要逐渐过渡，折角处应该采用圆角过渡，这样可以在琴弦拉力增大时，减少断裂的危险。另外，要有一定的脱膜斜度，使铁板易于出模，不致损坏砂模。铁板应该具备足够的抗压抗弯强度，这是使钢琴稳定的基本条件。在浇铸铁板前，应将铁水按国家标准浇铸成试棒，进行测试，合格后方可正式浇铸。在浇铸铁板时，壁薄处比厚处容易冷却。冷却快的壁薄处析出少量的石墨，使碳化物含量较高，形成硬性碳化铁。冷却慢的壁厚处有较充分的时间将铸件中的碳转化为石墨，形成相对较软的铸铁。在筋杆与铁板的连接部分，要尽量采用均匀过渡的设计原则。在浇铸铁板时，必须排除存在于铸件中的气体。铁板中一旦有气泡出现就可能产生断裂，避免的方法是提高铁水温度。因为浇铸时冷却过程不均，铁板可能产生裂缝。砂模太硬、砂模过于潮湿或者出模过早等原因也可能造成裂缝现象。砂模上的浇口对浇铸铁板很关键，浇口应使铁水在不受阻的情况下流入砂模。不良的浇口可能使铁板产生内应力，在琴弦拉紧时，容易使铁板变形、发生断裂。因此要铸造出好的铁板，除了有理论依据外，一定要有丰富的实践经验。铁板出模后，在继续加工之前，应特别注意观察有无裂缝。完好的铁板需要再进行弦枕位置的校正和铁板上的各个孔位的校正，待合格后，再转入外观油漆涂饰。铁板的结构及轮廓形状是由钢琴的种类和弦列平面布置决定的。

聂耳牌钢琴铁板的设计特点是由一体真空铸造设计把铁板传统的后背平面改为立体铸造，以便延长铁板的使用寿命。低音区域采用上、下弧线钢架设计，在同等的面积内增长低音弦 5 ～ 9 cm，极大地丰富了整体共鸣。

击弦机是钢琴的"心脏"，是连接钢琴弦槌与琴键的杠杆装置，它将演奏者手指

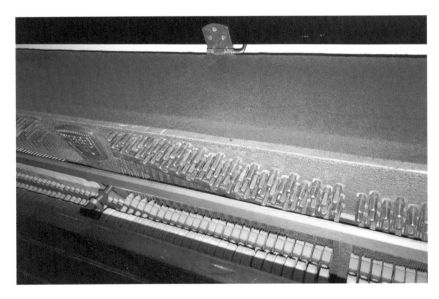

图 8-4　聂耳牌钢琴的铁板

图 8-5　聂耳牌钢琴铁板上的产品标志

在琴键上的运动传递给槌头，由槌头敲击琴弦来完成一系列的杠杆运动。当设计全部装置时，必须满足如下 5 个条件：

（1）装置必须能够使琴键最大限度地控制传给槌头的速度。

（2）槌头敲击琴弦之后必须马上弹回，使琴弦的自由振动能够充分发展和持续。

（3）在槌头到达琴弦之前，装置必须能够使槌头与琴键脱开，使槌头在余下的行程中依靠自身的惯性来运动。

（4）槌头在敲击琴弦弹回之后，只要手指一离开琴键，装置的动作部分就能很快地返回到原来的动作位置。

（5）只要手指一离开琴键，制音器就能马上压到琴弦上，以止住发音。

要想理解钢琴击弦机的正确运动状态，必须首先明确击弦机运动的基准。基准是琴键前端被演奏者用手指弹下的深度，一般以 9.5 mm 为最合适，钢琴的设计就是以这个尺寸为基准来决定击弦机尺寸的。尽管钢琴演奏者按键的深浅不同，有的喜欢琴键的下沉深度稍深，有的则觉得浅些为宜，但现代钢琴击弦机的尺寸总是以一定的基准而大体统一的。在实际应用中，琴键的下沉深度可以适当调节，但过于改变其深度，就会影响其他部位的正常运动。根据钢琴设计者的不同爱好和习惯，琴键的长度也有所不同。但是，从琴键的中挡销钉到琴键前端与到琴键后端（连动顶柱的根部）的尺寸之比，一直都是 3∶2，即琴键前端按下 9.5 mm，顶柱就会高起 6.3 mm。因此要求做成这样的击弦机：当琴键的下沉深度为 9.5 mm 时，弦槌到弦的运动行程为

48 mm。也就是说，琴键的行程与弦槌的行程之间的比是 1∶5，这就是现代钢琴击弦机的基本准则。

聂耳牌钢琴的击弦机加工自 1976 年引进德国七轴铣床后变多道切削为一次成型。20 世纪 80 年代中期，上海钢琴厂机修工人自制电控自动化轴架钻眼机。1984 年，引进美国击弦机专用机床 113 台，细木加工设备 17 台，形成琴壳贴面流水线。1985 年，

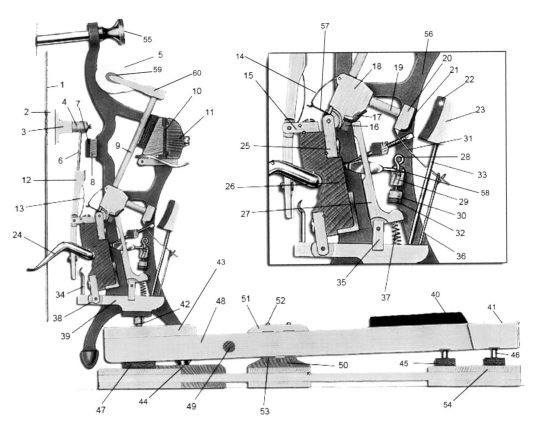

1—琴弦；2—制音毡；3—制音头；4—音头钮；5—弦槌毡；6—制音丝杆；7—制音挡毡；8—制音挡；9—弦槌柄；10—背挡呢；11—背挡；12—制音杆；13—制音弹簧；14—钩簧；15—制音器架；16—转击器毡；17—转击器毡皮；18—转击器凸轮；19—制动柄；20—制动木；21—制动木皮罩；22—托木毡；23—托木；24—制音器抬挡；25—转击器轴架；26—击弦机总挡；27—顶杆；28—调节螺丝；29—调节挡；30—调节钮；31—攀带；32—调节钮毡；33—托木杆；34—勺钉；35—顶杆轴架；36—攀带钩；37—顶杆弹簧；38—连动器轴架；39—连动杆；40—黑键；41—白键；42—卡钉（顶柱）；43—后座板；44—后挡平衡木；45—扁销垫圈；46—扁销；47—后挡呢；48—键杆条；49—铅块；50—销垫；51—中座板；52—圆销；53—中挡平衡木；54—前挡平衡木；55—花边螺母；56—支架；57—钩绳；58—蟹钳螺钉；59—弦槌芯毡；60—弦槌木芯

图 8-6 钢琴击弦机构造示意图

又从意大利和美国引进 G30 夹板开料机、真空干燥机和 2 条挂弦流水线。这些引进设备使坯件侧边不毛不裂，烘蒸木材只需 3 天就能使用，弦轴加工从手工变为气动，钢琴主要部件进一步规格化，击弦机的精密度与生产速度均有提高。

第四节 产品记忆

上海是国内建立的最早的钢琴制造基地之一。从 20 世纪 70 年代初上海文教进出口公司的外贸产品样本上来看，立式钢琴主打家庭消费，所以在其广告画面上呈现的是产品放置在家庭中的场景。虽然钢琴占据了画面的主要部分，但是远处的沙发、壁炉、鲜花、落地灯所营造出的家庭氛围却是关键因素，而同样品牌的卧式钢琴的广告画面则是以演奏场地为背景。当时出口的产品主要满足中低层次市场的需求，这些广告画面充分说明了上海文教进出口公司对于销售的产品是做了一番认真分析的，并且把这种分析与广告设计师进行了沟通。

图 8-7 上海文教进出口公司的外贸产品样本中的立式钢琴广告

图 8-8　上海文教进出口公司的外贸产品样本中的卧式钢琴广告

　　钢琴大规模进入中国普通百姓的家庭是在 20 世纪 90 年代之后。一大批学习过钢琴，但是出于各种原因失去钢琴的家庭，随着收入的不断增加重新购置了钢琴。在购买之前，他们只能在白纸上画上琴键，一边唱着乐曲，一边在纸上比画着手势，或在玩具小钢琴上用一只手弹。还有的家长希望自己的下一代能够提高艺术修养、培养艺术气质，或出于帮助升学的考虑，这都是非常现实的选择。

　　我国的钢琴制造一方面在不断吸取传统工艺的精华，另一方面从美国、德国、意大利、日本等国引进先进的钢琴制造设备和技术，以先进标准组织生产。从选材直至产品出厂，每一道工序都努力做到精益求精，使各种型号、样式的产品具有优异的声学品质和演奏性能，质量可以达到国际同类产品的先进水平。在这个过程中，钢琴外壳的漆饰工艺被不断优化，"钢琴漆"还曾成为优良产品及品质的代名词，甚至很多家具、电器产品都宣传自己的表面处理工艺是钢琴漆工艺。因为人们对闪亮的东西似乎具有天生的好感，所以钢琴漆的概念深入人心。

　　对于钢琴制造，中央音乐学院的杨鸣教授回忆自己曾有如下阐述：

　　"中国钢琴无论从制造历史上来看，还是从原材料的科技含量方面来看，都要落后于西方国家。中国的钢琴制造已经跨入世界钢琴生产大国的行列，但这仅是数量上的，在质量上与其他国家还有差距。在原材料落后于发达国家的情况下，每一个钢琴制造厂所要做的事情是从声学品质和演奏性能方面去努力。但是，中国钢琴制造业存在一些误区。

"首先是思维方式的误区。我去过许多钢琴厂，看到从厂长到技术人员都千方百计地在钢琴的声学品质和演奏性能方面下功夫。使用者和生产者普遍认为：好的钢琴就是声音大、响、亮、脆、高，而且以此为评价钢琴优劣的标准，久而久之，成了一种固定标准。其实这是一种误区或者说是偏见。因为钢琴是在西方发展并传到中国的乐器，无论在制造或使用当中，都应以西方的思维方式或审美情趣为依据。钢琴主要伴随着教堂合唱、宗教业而发展，对其音色的要求应该是纯净、浑厚、细腻、宁静、含蓄。中国钢琴制造为什么会出现如此观念呢？主要因为中国人的传统是以高亢、明亮为好，就像黄土高坡的陕北民歌的表现一样。由于历史和地理的原因，东方人和西方人在意识形态、生活习惯、审美情趣上都存在着差异，这就如同声乐中的西方美声唱法和中国民族唱法一样，而用中国人的民族情趣、思维方式来指导生产西方传入的钢琴，必然是一种具有中国特色的"中国式"钢琴。用这种思维方式生产出来的钢琴是不符合西方的使用要求的。这种"中国式"钢琴的市场前景如何呢？因为中国钢琴的生产90%是内销，面对广大业余使用者，由于他们的思维方式存在误区，许多钢琴厂不得不去迎合他们的要求，所以这种钢琴有一定的市场。但从长远来看，国内专业使用者以及国外的批发商是不需要这种音色的钢琴的。因此，每一个钢琴厂都应当及时调整观念，立足钢琴音色的新要求。

"其次是制造的误区。钢琴是一种和声性乐器，包容整个音域，但真正用于音乐会的钢琴是七英尺以上的三角琴，仅有星海牌与珠江牌有少量产品。大部分是七英尺以下的三角琴和立式钢琴，这些类型的钢琴都是家庭用琴或练习教学用琴。在声学要求上就是纯净、和声性强、共性强，而不是音量大、个性强。国内钢琴制造厂应当在声学品质的纯净度方面下功夫，只有这样才能与国际接轨，提升产品的销量。在槌头的处理方面，国内是用药水整个浸泡，造成音色过亮，其实这种做法与国外完全相反。国外的有些钢琴厂家，一点儿药水不浸，保持槌头原始松软的状态。

使用者买琴后，根据环境条件，为了降低槌头的明亮度，还要用针去扎，最多扎5次，再多就扎到木头上了，槌头也就报废了。西方对钢琴音色的要求并不是音量大、明亮，而是听钢琴的每一个音的延续是否长，是否衰减得慢，声音是否很纯。一台好琴在刚开始弹奏的时候，声音并不大，而是能够保持住。

"还有是演奏手感的误区。有的使用者或是生产企业，注重弹奏时轻，这对于小孩子是可以的，但是作为专业使用者，弹奏轻的琴并不好，这样会使钢琴的表现力大打折扣。有些钢琴厂注意到这个问题，开始将琴键负荷加重。这样就出现另一个问题，琴键重了，回弹速度变慢，演奏迟缓，同样影响了钢琴演奏技术的发挥。对于钢琴演奏手感的要求应是轻重合适，反应灵敏，既有力度又不发死。这样的要求，对于钢琴制造来说是比较高的，要求在击弦机的所有环节上都是顺畅的。

"再则是轻视调整的误区。欧洲钢琴质量精良，是因为十分重视钢琴的最后一道工序——调整。中国钢琴在国际市场上的价格不高，缺少最后一道工序是原因之一。德国的斯坦威或是奥地利的倍森朵夫钢琴厂，都有数名终身从事调整工作的调整师，他们有着丰富的经验，有自己独特的品位和修养，经过他们调整的钢琴，身价提高百倍。中国钢琴出口主要靠低价位，经过国外专门人员调整，就可以提高一倍的价格卖出去。我曾在国外看到过中国钢琴，音色相当不错，但那是经过调整的。所以，大部分钱都让外国人赚了，我们的钢琴却是在低价卖材料。因此，各个钢琴厂应当特别重视调整工作。为了了解西方人对钢琴的要求，我们要多看、多听、多交流，用西方人的品位去调整钢琴。

"最后是共性与个性的误区。钢琴本身是工业化与艺术性的统一，是共性与个性的统一。钢琴制造发展到今天，在工业化方面的要求是钢琴制造要达到整齐划一、规范统一，强调的是共性；在艺术性方面的要求是钢琴制造要达到满足不同使用者对外观的要求、对音色的要求，强调的是个性。钢琴制造体现的是一种矛盾的统一性。国产钢琴需要的是共性，而不是个性。也就是说，首先要做到钢琴生产的规范化，然后再谈风格问题。国内钢琴生产有一种说法，即钢琴内部机械已经基本定下来，设计变化的不过是外形，以不同设计满足市场的需要。这种观点是存在误区的。

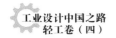

因为国产钢琴主要市场是家庭教学使用，要求是88个键的均匀统一，包括音色的统一、手感的统一。有人说低音可以重一点、高音可以轻一点，我认为有一点轻微的差别是可以的，但最好是均匀一致。"

第九章 手风琴

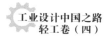

第一节　历史背景

　　1777 年，传教士比尔·阿莫依特将中国的笙传入欧洲，启发了欧洲人将笙簧片发音原理应用到风琴和其他乐器上。1821 年，德国人布斯曼制造了用口吹的奥拉琴。1822 年又在琴上增加了手控风箱和键钮。1829 年，奥地利人德米安又在琴上增加了伴奏用的和弦键钮，并称之为手风琴。1905 年，在圣彼得堡生产出第一台键钮式手风琴。20 世纪 20 年代，大批的外国人来到上海、天津、青岛等地的租界，为手风琴在我国的传播起到了推动作用。

　　曾任天津乐器厂总工程师的吴英烈早年从外国人那里学习了手风琴修理技术，并曾经到中央音乐学院的附属乐器车间研究、制造手风琴。1952 年，第一台手风琴样品被制造出来，之后在这个车间的基础上成立了天津乐器厂，生产鹦鹉牌手风琴。同年，在西南军区文工团乐器修理厂制造出一台手风琴，尽管只有 18 个贝司，但毕竟是我国自行制造的。1952 年 4 月，上海手风琴厂成立，在艰苦的条件下生产出了 16 贝司手风琴。当时工厂只有 11 名职工，厂房面积仅为 106 m^2，有 2 台冲床、2 台钻床、1 台刨簧车和 1 台刨床。产品以百乐牌为品牌名称。

　　因为手风琴便于携带，作为一件表现力很强的乐器非常适合即兴表演，所以在中国被大批量生产，其中鹦鹉牌、百乐牌一直保持着较高的品质，并不断地进行着产品改良设计。其他品牌的手风琴以小型的，甚至是儿童玩具为主。

　　自 1980 年以来，鹦鹉牌、百乐牌不断更新产品的样式，改进产品的性能，提高产品的档次。百乐牌 BL801、803、804、805 型手风琴，多次获得国家经济贸易委员会、轻工业部及上海市颁发的优秀新产品奖。特别值得一提的是，百乐牌 BL805 型可变换系统自由低音手风琴获得上海市新产品一等奖、上海市优质产品奖、轻工业部优秀新产品一等奖及国家银质奖等四项大奖。这种可变换系统自由低音手风琴的研制成功结束了我国几十年来只能生产固定低音与和弦的传统式结构手风琴的历史，为我国手风琴演奏家参加国际比赛、演奏高难度乐曲提供了理想的乐器。1984 年，康茨坦大学教授路德维奇博士在拉奏了 BL805 型手风琴后说："BL805 型双系统自由低音手风琴是一台出色的手风琴……杰出的音色，非常柔和，变调容易，的确是一种高档琴。"

在重视高档手风琴研制工作的同时，上海手风琴厂还重视手风琴的教学普及工作。该厂于 1984 年成立上海手风琴教学中心，开办手风琴学习班，招收幼儿园、托儿所的幼教教师和青少年，对他们进行培训，提高他们的手风琴演奏水平。

第二节　经典设计

传统手风琴大致可以分为右手键盘、左手键钮（贝司）、风箱、背带、共鸣箱、左手皮带、放气孔、变音器、左手皮带控制栓、装饰盖十个部分。

传统手风琴的右手键盘与钢琴键盘相似，比钢琴键盘略微小一点。左手部分是一个八度音域的键钮以及固定的大三和弦、小三和弦、属七和弦和减七和弦。左手部分的前两排是一个八度范围内的单音，其中第二排是基本低音。纵向排列的两个音，音程度数为纯五度。第一排是对位低音，也可以称作辅助低音。在演奏中较常用的是第二排的基本低音。第三排是第二排基本低音相对应的大三和弦，比如第二排的 C 后面对应的就是 C 的大三和弦。第四排是小三和弦，第五排是属七和弦，第六排是减七和弦。

手风琴左手键钮部分排列特殊，十分适用于伴奏。传统手风琴有大小不同的各种型号，手风琴大小型号的名称是根据左手键钮的数量确定的。左手键钮和右手琴键的数量根据手风琴的大小来增减，最小的键盘式传统手风琴左手只有 8 个贝司，

图 9-1　百乐牌 60 贝司手风琴

右手有 22 个琴键。其次是左手有 12、16 个贝司，右手有 25 个琴键。左手还有 32、48、60、80、96 个贝司，右手琴键的数量也随之增加。最大的键盘式传统手风琴左手有 120 个贝司，右手有 41 个琴键。

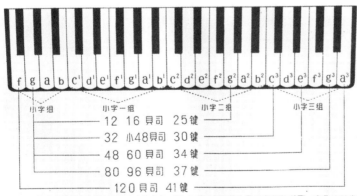

注：1. 图上之黑键为白键之高半音或低半音。例如：第一只黑键为 F 的高半音（#F），或 G 的低半音（♭G），余类推。
　　2. 白键上所注音阶系指按开变音器⊟时，或没有变音器装置的手风琴音为准。

图 9-2　手风琴的主音键盘

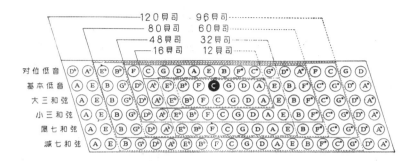

注：贝司键钮又名低音键钮，习惯上一般都叫它为贝司（BASS），即低音的意思。

图9-3　手风琴的贝司键钮

　　变音器是手风琴特有的部分，它不仅可以使手风琴的音色更加丰富，也可以调节手风琴的音域。传统手风琴的右手只有一组变音器，在右手键盘模仿大管的音色，实际音高比标准音高低一个八度。当变音系统处于静止状态时，音孔板气孔开放，气流畅通。推拉风箱时，各音列均可随按下的琴键或键钮使对应的音簧发音。当按下某一变音键时，键托拨动三点拨棍，拨棍推动传动片，传动片上的拨叉带动传动杠杆的一端，而杠杆的另一端则控制音孔板中一些传动片的移动，封闭该传动片所

图9-4　手风琴的变音器

在位置的气孔，使气流不能通过，导致对应音列的音簧不能发音。此时，未移动的传动片所在位置的气孔仍然开放，对应音列的音簧受气流激发振动发音。这样，变音系统就实现了选择不同音列发音的目的。

变音器的代表符号如图9-5所示。模仿萨克管的音色，实际音高比标准音高低一个八度。手风琴的音色，实际音高比标准音高低一个八度。模仿口琴的音色，实际音高比标准音高低一个八度。模仿风琴的音色，实际音高比标准音高低一个八度，适用于复调音乐演奏。模仿小风笛的音色，实际音高与标准音高相同。模仿小提琴的音色，实际音高与标准音高相同。模仿双簧管的音色，实际音高与标准音高相同，适用于古典音乐的演奏。模仿单簧管的音色，实际音高与标准音高相同。模仿短笛

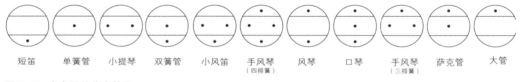

图9-5　变音器的代表符号

图9-6　百乐牌120贝司41键手风琴说明书封面

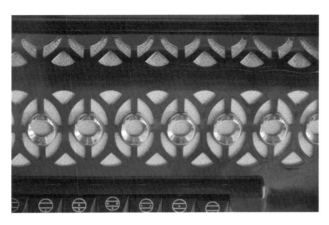

图9-7　百乐牌120贝司41键手风琴的装饰盖细部　　　　图9-8　胶木唱片封套

的音色，实际音高比标准音高高一个八度。

　　手风琴的琴箱包括键盘琴箱与贝司琴箱，是手风琴的壳体，也是框架结构的主体。它采用红松、白松、枫木等木材制胎，透孔里粘有砂网或装饰布，表面粘贴各种颜色的赛璐珞片。其作用一是固定各种机件，二是保护琴体内部结构，三是音簧发音的共鸣体。琴箱的造型与外饰设计主要是体现出华丽、高雅的艺术感。

　　装饰盖种类繁多，有一些采用了具有传统风格的二方连续的图形，刻意营造了一些豪华感。有一些则采用接近几何形态的图形，显得大气、简洁，具有现代感。

图9-9　黑色百乐牌120贝司41键手风琴　　　　　图9-10　红色百乐牌120贝司41键手风琴

图 9-11　百乐牌 60 贝司 34 键手风琴

图 9-12　百乐牌小 48 贝司 30 键手风琴

对于专业演奏使用的手风琴而言，因为体积比较大，所以装饰设计比较丰富，并以此显示其珍贵的感觉。对于功能比较简单的手风琴（一般是贝司比较少的）而言，因为外壳面积有限，所以装饰相对比较简单。对于功能比较完善的新产品，装饰设计的思路会更加开阔一些，主要是将产品作为一个整体考虑，而不是仅仅将装饰盖作为主要设计对象。

键钮式自由低音手风琴的左、右手都是键钮。右手有五排键钮，前三排是几个

图 9-13　鹦鹉牌 120 贝司 41 键手风琴的键盘

图 9-14　鹦鹉牌 120 贝司 41 键手风琴的整体效果

图 9-15 新设计的鹦鹉牌 120 贝司手风琴　　　　图 9-16　儿童手风琴

音域以内的单音，后两排是辅助音。键钮式自由低音手风琴的右手键钮也是按半音关系顺次排列起来的，键钮的音距很窄，一般成人的手很容易够到两个八度，辅助音使演奏更加便捷。键钮式自由低音手风琴的左手簧片的数量大大增加，有 2 个贝司机，使琴体变厚、重量增加、音量增大、音色更富有共鸣感。

图 9-17　鹦鹉牌键钮式自由低音手风琴

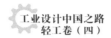

图9-18　鹦鹉牌键钮式手风琴的装饰盖及品牌标志

键钮式自由低音手风琴突破了传统手风琴左手只有一个八度的瓶颈，它有四个半八度的音域，可以像钢琴一样演奏复杂的和弦及复调作品。另外，因为有转换器控制传统低音与自由低音的转换，在一首乐曲中进行两者之间的转换可以使作品更富有表现力，可以为作曲家提供更广阔的想象空间，所以作曲家可以创作出音乐元素更丰富的作品。

第三节　工艺技术

音簧是手风琴的发音体，对手风琴的声学品质具有重要影响。音簧由簧框、簧片、铆钉和音簧皮条构成。簧片采用特制的琴簧钢带，经磨削、冲压成型。两个簧片用铆钉铆合在铝制带有簧孔的簧框上，就形成一个音簧。同时，在簧框孔上粘有可以打开的音簧皮条。音簧对制作工艺的精度要求很高，簧框孔与簧片之间的缝隙一般只有0.04 mm。簧片振动时不能与簧框孔摩擦，否则会出现杂音。

手风琴由风箱运动产生气流激发簧片振动发音。当气流从正面吹向音簧时，一部分吹到簧片上，另一部分通过簧框孔与簧片之间狭小的缝隙，吹开簧框孔背面的音簧皮条，互相配合激发正面的簧片振动发音。此时，背面的簧片由于被正面的音

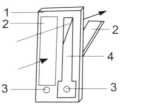

1—簧框；2—音簧皮条；3—铆钉；4—簧片

图 9-19 音簧的发音示意图

簧皮条封挡住簧框孔，气流不能进入而不能振动发音。当气流从背面吹向音簧时，背面的簧片振动发音，而正面的簧片不发音。这样推拉风箱产生的气流作用到音簧上时，都会有一个对应的簧片振动发音。

在一些大规格的手风琴中，频率特别低的音簧采用连体型簧框，即几个频率相近的音簧簧片铆合在同一个簧框上（与口琴结构相仿），其目的是缩小音簧的宽度，节省在琴体内占用的空间。

琴键传动系统由琴键、键杆、键杆架、弹簧、音孔盖连接件、音孔盖等构成。琴键粘贴在铝制键杆上，键杆顶端用连接件固定着由金属盖板、毛毡、羊皮黏合而成的音孔盖。键杆底部铆合马鞍形的底座，卡在固定在琴箱上的键杆架的轴上，并由弹簧拉住键杆使音孔盖压紧在音孔板的气孔上。这种普遍采用的结构被称为"马鞍结构"。此外还有一种"穿丝结构"，它不设键杆架，而是在键杆折角处钻孔，

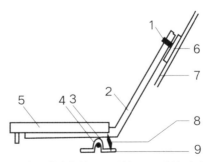

1—音孔盖连接件；2—键杆；3—键杆底座；4—支架轴；
5—琴键；6—音孔盖；7—音孔板；8—弹簧；9—键杆架

图 9-20 琴键传动系统示意图

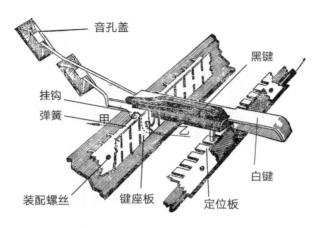

图 9-21　琴键传动系统立体示意图

键盘所有的琴键键杆用固定在键盘琴箱两侧的一根金属粗丝依次串联。

　　键钮传动系统比琴键传动系统复杂，主要传动机械是由键钮、钮板、机架、键钮杆、顶片、立桩、滚丝、顶杆等零件组装成的贝司机。起点是键钮，终端是顶杆，顶杆头固定在琴箱上的启动架上，启动架的另一端固定着由金属盖板、毛毡、羊皮黏合而成的音孔盖。启动架上的弹簧拉住音孔盖，使之压紧在音孔板的气孔上。

　　传动系统是琴键或键钮与对应的音簧之间的连接系统与控制系统。当琴键在静止位置时，音孔盖压紧封闭在音孔板的气孔上，气流不能进入琴体。当按下琴键时，由于杠杆作用拉伸弹簧，音孔盖开启，气流通过音孔板的气孔、音簧盒底孔作用到音簧上，激发该琴键对应的音簧振动发音。当手指离开琴键时，键杆弹簧拉回键杆，将音孔盖重新压紧封闭在音孔板的气孔上，阻断气流的通过，音簧停止发音，琴键便恢复了静止状态。键钮传动系统的作用也是如此，但传动结构不同。贝司机的重要作用还在于可以实现组合发音，即按下一个固定和弦键钮，能够发出组成该和弦的 3 个音。此外，在演奏家所用的双系统、可变换自由低音手风琴的贝司结构中，装有双系统切换键，其作用是实现传统固定和弦系统与自由低音系统的互换控制，这同样是通过贝司机的传动完成的。传动系统灵活、有效是手风琴的一项重要性能，尤其是琴键与键钮的弹力，会直接影响演奏人员的手感，其舒适程度会直接影响演奏水平的发挥。

第四节　产品记忆

　　吴英烈曾任天津乐器厂的总工程师，是中国手风琴制造业的鼻祖之一。1925 年至 1931 年，吴英烈到齐齐哈尔被服厂做木工学徒，这段经历为他日后制造手风琴打下了坚实的技术基础。自 1934 年开始，吴英烈先在齐齐哈尔照相馆当技工，后在黑河和哈尔滨经营照相馆。1942 年，出于对音乐的喜爱，吴英烈开始学习手风琴。1952 年，他从哈尔滨来到天津，进入中央音乐学院乐器维修部，并接受组织交给的任务，承担手风琴的研制工作，进入工农兵乐器厂担任技师。1953 年，他与老一辈手风琴工作者一起创办了天津乐器厂。1959 年，他担任副厂长，后任总工程师。

　　1971 年，吴英烈组织研制中国第一台回声手风琴，之后定名为 71 型新结构手风琴。1979 年，鹦鹉牌手风琴获得国家银质奖，1984 年，鹦鹉牌手风琴获得国家金质奖，在此过程中，吴英烈做出了重大贡献。他永不满足，不断革新，与吴天芳等人合作研制出当时具有世界先进水平的 185 贝司 45 键高级演奏琴。这一研究成果标志着天津手风琴制造业已进入世界先进行列。

　　在老年时期，吴英烈最担心的是手风琴制造业的未来。他曾对天津乐器厂的青年一代说："不要把祖先留下的遗产丢掉，如果在我们这一代丢掉了，就是犯罪。"1984 年，为了让手风琴制造技术传承下去，他分别向轻工业部、文化部、教育部提出了拯救民族乐器的建议，并总结了三十年来手风琴制造业发展的工作经验和教训，以及今后发展手风琴工业的方向。在北京召开的教育工作会议上，他提出了编写手风琴制造工艺技术教材等建议。1984 年至 1985 年，他开始边工作边撰写手风琴技术专业教学大纲。后来又亲自录制了手风琴制造授课录像带，留下了珍贵资料。现在很多手风琴制造工艺仍然在使用吴英烈研制的工艺标准。

　　高岩海生于1953年，14岁时是个淘气的孩子，母亲怕他惹祸，就将一台陈旧的手风琴弄回家，让孩子玩。高岩海一看见这台手风琴就非常喜欢，想学好它，但一时找不到老师，恰巧邻居一个学乐器的孩子有个小伙伴正在跟一位老师学习手风琴，邻居把这个学手风琴的孩子介绍给了高岩海。从此这个孩子每次上课回来，都毫无保留地把所学的东西转教给高岩海，两个人成了好朋友，并总在一块儿练习拉琴，因此高岩海的手风琴逐渐也拉得有模有样了。

　　高岩海上中学以后，学校有个文艺宣传队，但宣传队里没有拉手风琴的。有一次，高岩海溜进了宣传队的屋子，看到有一台苏联产的手风琴，他好奇地背起来拉了拉，正巧被负责宣传队的朱老师发现了，于是朱老师就动员他参加了文艺宣传队。1970年的冬天，部队开始征兵，学校通知高岩海到文艺宣传队，说有演出任务。高岩海背着一台破旧的手风琴到学校一看，只有他一个人来了。屋里有几位军人，让他拉一拉手风琴。他有些害怕，胆怯地拉了两首曲子。第二天，他被领去体检。第三天，高岩海在家里忽然听到外面敲锣打鼓，出门一看是给他送入伍通知书和军装来了。初中还没有毕业的高岩海就这样入伍进了沈阳军区通信二团业余文艺宣传队。当时宣传队有40多人，拉手风琴的只有他一个人。在部队宣传队当兵的四年时间里，他走遍了东北的通信机站，演出场次最多的是《通信兵之歌》和《38总机张光斗》情景剧。《38总机张光斗》表现的是在抗美援朝战场上38号机站通信兵张光斗用生命保护通信设备的英雄事迹。在此剧中，高岩海担任手风琴伴奏。此剧在沈阳军区文艺汇演中曾荣获一等奖。

　　1974年，高岩海复员，在哈尔滨一家企业工作。在20世纪70年代，要买最好的4排簧鹦鹉牌手风琴需要各地文化局的批件才能去工厂订购。2000年，高岩海出差顺便去了一趟天津乐器厂，在产品展销会上，花3 400元买了一台鹦鹉牌手风琴，没想到使用不到两年，修理了好几次。后来高岩海了解到二十世纪七八十年代生产的鹦鹉牌手风琴的质量最好，因此就开始收集那个时代的手风琴。经过几年的时间，他收集的鹦鹉牌手风琴已有40多台，摆满了屋子，并且他自己也学会了手风琴的维护和修理技术，还能帮助一些朋友选购手风琴。后来，他还对进口的高端手风琴展开质量和维护技术的研究。

2004年，高岩海在互联网上结识了很多当过文艺兵的战友，经过一段时间的交流，他感到特别亲切，手风琴成为他们交流的主要内容。他曾经应网友之约到北京参与了文化部原中国录音录像总社社长王笑然组织的手风琴四重奏光盘录制。手风琴网友们经常感叹国内手风琴产品对质量的重视程度不够，与国外产品最大的区别是：国外是靠质量赢得市场，中国是靠低价占领市场。如果在工艺和质量上认真向国外先进厂家学习，中国的手风琴制造业的发展肯定会赶上或超过世界先进水平。

手风琴是在20世纪初期传入中国的，当时主要用于少数在华外国人自娱自乐，或仅出现在领事馆和租界的社交场合中，对后来形成的中国手风琴音乐基本没有产生重大影响。手风琴在俄罗斯是非常常见的一种民间乐器，多年高水平的巡回演出使广大中国人在了解俄罗斯文化的同时，也更多地了解和认识了手风琴这种乐器，并带动少数中国人开始练习弹奏手风琴。20世纪40年代，许多进步的青年知识分子用艺术作为鼓舞民众抗日斗志的武器，手风琴作为伴奏乐器经常出现在各种宣传抗日的演出中。手风琴为中国歌曲伴奏，这一过程本身便充分体现了一种文化象征。作为一种外来乐器，手风琴已经与中国文化相互交融、与中国的现实生活紧密联系。作为伴奏，绝不是消极、被动地为歌曲的旋律配和声，它是一种从作品内容出发、从作品整体结构出发的艺术再创作。在20世纪40年代为中国歌曲伴奏的这一过程中，手风琴已经与中国独特的艺术思维联系起来了。

1949年至1966年是手风琴的普及时期。随着中华人民共和国成立，社会政治稳定，国民经济快速增长，国家对文化艺术采取积极扶持的政策，这些为包括手风琴在内的所有艺术的普及提供了优越的社会环境。在这一时期，演奏手风琴在部队得到了极大的普及，同时，许多地方文工团等文艺演出单位也配备了专业的手风琴演奏员。手风琴作为教学工具还进入了中小学课堂。在这样一种文化背景下，手风琴在中国获得了历史性的发展。群众性的歌咏活动在全国蓬勃展开，人们认为群众歌曲是最能表达千百万群众对新时代、新生活感受的艺术形式，因此用手风琴为歌曲伴奏也成为一种常见的表演形式，深受群众欢迎。这在艺术方面也为使用手风琴演奏中国风格的音乐提供了更多的机会。

这一时期的手风琴作品有：张自强、王碧云根据歌曲《战斗进行曲》改编的《士兵的光荣》和根据同名歌曲改编的《我是一个兵》；王碧云根据同名军乐改编的《骑兵进行曲》；宋兴元根据江南民乐合奏改编的《彩云追月》《花好月圆》；根据青海民歌创作的《花儿与少年》。这些手风琴作品的编创有一个共同特点，即创作者都是专业的手风琴演奏员，他们凭着对事业的热爱，对乐器性能、演奏技艺的熟练掌握以及多年艺术实践的积累，创作出的作品紧扣时代审美要求，乐曲构思精巧，情绪乐观向上，努力在作品内涵中融入清新的民族、民间风貌。

1962 年，李遇秋专为手风琴创作的二重奏《草原轻骑》问世，证明了手风琴音乐可以在题材、技能表现多样化等方面进行深入的拓展。虽然在这部作品中，我们可以看到其手法仍然受到西方重奏音乐的影响，但同时也表现出了在探求手风琴音乐民族化方面创作者所做出的努力。王域平、张增亮专为手风琴创作的《牧民歌唱毛主席》标志着中国手风琴作品已进入了一个崭新的阶段。与所有艺术创作一样，手风琴音乐发展的各个阶段无不与社会政治生活紧密相连。这一时期的作品多以社会主义建设为背景，以士兵、领袖为题材，以豪迈雄壮、朝气蓬勃的情绪为主题，并被认为是最具艺术性和时代性的。

1966 年至 1978 年，在各式演出活动中，手风琴挑起了为歌曲伴奏的大梁。许多从事钢琴演奏的艺术家也背上了手风琴，他们的参与使手风琴融入了很多钢琴演奏的技巧，把手风琴的伴奏水平提高到了一个新的层次。当时的歌曲伴奏有《一壶水》和《连队生活歌曲六首》（韦福根演奏）、《师长有床绿军被》（杨文涛演奏）、《空降兵之歌》（任士荣演奏）等。

改革开放为手风琴音乐的创作打开了新的局面。在这一时期，手风琴音乐的创作已经不满足于民歌加和声、主题加变奏的思维模式，开始超越单纯移植的框框，逐渐探索出了一条具有个性化的中国手风琴音乐创作之路。《惠山泥人组曲》以江南地区的人文景观为背景，塑造了慈祥的"弥陀"、美丽的"天女"、憨厚的"阿福"

以及富于变化的"京剧脸谱"等一系列鲜活的艺术形象。《广陵传奇》仅用一件乐器来表现重大历史题材，这对整个音乐创作界来讲都是一次挑战，更何况是用手风琴来表现中国历史题材，这为在传统题材中加入现代思维的艺术创作提供了宝贵的经验。

参考文献

[1] 闻瑞昌，谷化琳，等．搪瓷技术 [M].北京：轻工业出版社，1987.

[2] 王学孝，赵富海．智慧的密码 [M].北京：人民日报出版社，1991.

[3] 孟秀华．玻璃机械设备操作与维护 [M].北京：化学工业出版社，2013.

[4] 上海英雄打字机厂．英雄牌外文打字机使用指南 [M].上海：上海科学技术出版社，1994.

[5] 阮海波．外文打字机 [M].北京：轻工业出版社，1985.

[6] 杨九闻．玻璃搪瓷商品学 [M].哈尔滨：黑龙江科学技术出版社，1981.

[7] 王承遇，陶瑛．艺术玻璃和装饰玻璃 [M].北京：化学工业出版社，2009.

[8] 王立江．车刻玻璃纹样设计初探 [J].玻璃与搪瓷，1987(1):49-53.

[9] 张立国，郁文耕．保温瓶玻璃配合料生产线 [J].玻璃与搪瓷，1987(1):26-31

[10] 杨九闻．玻璃和玻璃器皿 [M].北京：中国财政经济出版社，1981.

[11] 上海百货采购供应站．搪瓷器皿 [M].北京：中国财政经济出版社，1979.

[12] 吴宗济，沈子丞，华树照．搪瓷 [M].北京：中华书局，1952.

[13] 朱仲德，强文．上海组合家具 [M].上海：上海文化出版社，1987.

[14] 梁孟元．手风琴的构造及其种类 [J].演艺科技，2007(5):59-65.

[15] 余婷婷．走向艺术化——手风琴簧片发音机理及我国手风琴制造业的发展 [D].乌鲁木齐：新疆师范大学，2009.

后记

　　在结束了对各类"小产品"的叙述以后，我依然十分兴奋，甚至有些幸福的感觉。因为这些"小产品"率真、有趣，将设计师的主观意志体现得淋漓尽致。还因为又发现了一些几乎已经被遗忘的设计师，使中国工业设计的事实更加清晰可见。另外，还有一个特殊的原因是我曾经在上海市工艺美术学校求学，学校设有家具设计、玩具设计、日用品造型设计等专业，为上海乃至全国的轻工业、二轻工业培养了设计人才。这些家具、玩具、玻璃、搪瓷设计师大多毕业于这所学校，我与这些设计师自然非常熟悉。当时，许多专业的指导教师来自专业工厂，经常以一些实际的设计案例来讲解，并且会领学生去工厂参观、实习，而一些基础课训练则是通用的。教玩具设计的胡春华就曾手把手地教我做过玩具模型，而我毕业留校工作后指导我工作的罗兴就是教家具设计的，上海家具系统主持板式组合家具项目的设计师是他的学生，他自己还是一位不遗余力推行现代主义设计思想的行动者。在他的影响下，我曾经为学校的青年教师和一些著名人士设计过 10 套组合家具，一直跟踪到制作完成。我还带领学生尝试设计海滩休闲家具，在上海市公开展出，并被上海人民美术出版社印成大幅的挂历发行，着实得意了几天。可以说本卷的写作触发了我对青春岁月的回忆。

　　然而，真正要全面展开写作工作却困难重重。产品虽然都属于轻工业领域，但是也跨越了诸多行业，各个行业的设计工作、方法各不相同。面对着一大堆的技术文件，在字里行间我们能够真切地感受到前辈们对于制造的敬畏，对于设计的努力付出。在此，我首先要感谢行业的老前辈王立江先生、胡永德先生，这两位年逾八旬，从不同道路走来的设计师，在聚焦设计问题的时候依然那么充满激情，对于过去的设计付出无怨无悔；胡亚琴女士一如既往地保持着灿烂的微笑，对当年的峥嵘岁月娓娓道来；赵瑞祥先生虽然离开了设计行业，但提起当年的设计也是感慨万分。几位设计师不仅向我们讲述了各自的设计，还向我们提供了珍贵的设计作品照片、设计手稿和当年的企业技术资料。我们还要感谢同是轻工业系统设计师的赵佐良先生、周爱华女士提供了许多极有价值的线索。另外，特别要感谢我的同窗杨正伟先生，多年来他一直支持我们的工作，与我们一起走访老一辈的玩具设计师、原玩具厂的负责人，并且多次到玩具厂退休人员管理委员会帮助查找相关设计师的资料，同时以他多年从事玩具设计的实践经验帮助我们理解设计，还帮助我们收集了许多实物。上海视觉艺术学院的顾传熙教授不厌其烦地为我们介绍当年轻工业系统的设计体系、工作场景，使我们对于当时设计的理解具备了更加现实的语境。

随着生活方式的变迁，许多产品已经消失在历史的长河中。今天的设计理念和技术手段也发生了很大的变化，依靠人工智能技术可以提高设计工作的效率、优化设计方案，例如，在玻璃杯的设计方面，已经采用了 AI 和古典音乐旋律融合的技术进行装饰设计，使产品既具有现代感，同时又保留了玻璃材料的特质。所以我们今天研究的意义不是要刻意地去保留这些老产品，而是希望在新的技术条件和社会发展背景下，推动中国工业设计从一般的概念讨论走向以实证为基础的设计思辨的进程，让历史成为创新设计的思想资源。

在成书的过程中，许智翀、余天玮、张可望、顾蔚婕帮助我们整理了文字资料，并且完成了许多图表的绘制工作。在写完本卷内容的时候，又迎来了一个春天，想到写作工作一直得到老师、同学、朋友们默默的支持和鼓励，我们由衷地表示感谢。由于我们的专业水平有限，书中难免会出现错误，期待行业专家、广大读者予以批评和指正。

后记

沈榆

2018 年 4 月